35년 동안 갯벌에서 만난 생물과 사람들

나는 갯벌의 다정한 친구가 되기로 했다

글 김준 | 그림 맹하나

위즈덤하우스

추천의 말

한국 서해안과 남해안의 얼굴을, 다양한 생물들을 부양하고 있는
갯벌에 관한 이야기를 쉽고 따뜻하고 아름답게 담았다.
많은 사람이 갯벌에 삶을 의지하고 있다는 것을 알리며
훼손된 갯벌을 복원하는 것이 얼마나 중요한지를 조용히 강조하고 있어
어린이와 어른이 함께 읽기 좋은 책이다.
전승수_ 전남대학교 지구환경과학부 명예 교수

갯벌에서 볼 수 있는 여러 현상들을 다양한 사진과 그림, 이야기를 통해 초등학생뿐 아니라
갯벌을 자주 접하지 못한 일반인들도 이해하기 쉽게 쓴 책이다.
임현식_ 목포대학교 해양수산자원학과 교수

김준 교수님은 이 책을 통해 특유의 문화 인류학적 관점으로
갯벌 생태계의 복잡한 구조와 관계성을 쉽게 설명하며,
갯벌에 대한 긍정적인 인식을 형성하는 데 길라잡이 역할을 한다.
장지영_ 생태지평연구소 협동처장

김준 교수님은 우리나라 최고의 갯벌 인문학자라고 생각한다.
갯벌에 대한 깊은 이해와 애정을 가진 저자의 이 책을 통해,
미래 세대가 갯벌을 이해하고 사랑하는 소중한 기회를 가질 수 있기를 기대한다.
김영남_ 해양환경공단 해양이용영향평가팀장

평생을 갯벌과 함께 살아온 김준 교수님만의 현장 경험과
따뜻한 언어가 갯벌 과학을 소설이나 시처럼 전달한다.
아이들에게 갯벌 감수성을 심어 줄 너무 멋진 책에 감사한다.
정영진_ 람사르고창갯벌센터 센터장

김준 교수님의 한반도 갯벌에 관한 혜안이 가득 담긴 재미있는 책이 나왔다.
읽기만 해도 전국의 각각 다른 특징을 가진 갯벌을 다녀온 느낌이 든다. 더욱이
우리가 갯벌을 지키고 아껴야 하는 이유까지 담아 주어 감사한 마음이 가득하다.
심현보_ 인천남부교육지원청 교육장, 인천바다학교장

갯벌을 보존하는 지혜를 김준 교수님만의 방식으로
책에 모두 담았다. 특히 제주도 오조리 갯벌 이야기가 눈에 띈다.
한반도의 갯벌과 화산섬 제주의 갯벌을 비교해 볼 수 있는 좋은 자료가 될 것이다.
고제량_ 한국생태관광협회 공동 대표

모래 갯벌에서 동글동글 모래 구슬은 누가 만들었을까? 조개는 왜 물총을 쏠까?
구멍만 보고도 어떤 생물이 살고 있는지, 왜 갯벌이 소중한지, 갯벌에 관한 모든 것을
알려 주는 책이다. 이 책 한 권이면 우리 갯벌을 100퍼센트 즐길 수 있다!
여상경_ 전국갯벌센터네트워크 대표

환경과 생태에 대한 인식은 어른이 되어 바꾸기가 쉽지 않다.
어릴 적에 자연과 함께하면서 자연스럽게 습득되어 뇌리에 박혀야 한다.
그렇다고 자연에 그냥 놀러 가기만 해서 학습되는 것도 아니다.
엄마와 아빠 손잡고 바닷가나 섬을 여행할 때
한 권쯤 들고 가야 할 갯벌 안내 책이 필요하다. 그런 책이 바로 이 책이다.
황선도_ 전 국립해양생물자원관 관장

삼면이 바다인 한반도에 살면서 우리를 둘러싼 갯벌에 관해
너무 모르는 게 많아 미안했던 어른이 정말 재미있게 읽은 갯벌 이야기다.
이 책을 읽고 나면 한달음에 갯벌을 찾아가 칠게, 농게에게 손 한번 흔들어 주고
더 건강한 바다 만들기에 작은 역할을 하고 싶어진다.
조유진_ ICCROM 세계유산 리더십 프로그램 매니저

김준 교수님의 갯벌 이야기는 우리네 부모님들의 소중한 삶의 이야기이며,
자연과 인간이 어떻게 공존할 것인지 어민들과 함께 집단 지성으로 풀어낸 이야기다.
오래된 미래를 여는 나침반이다.
김윤배_ 한국해양과학기술원 울릉도독도해양연구기지 대장

차례

들어가는 이야기 ___ 갯벌이 보여 준 풍경 8

1장 갯벌의 생태계

무안갯벌 갯벌에는 왜 구멍이 많을까 14
지식 더하기_ 갯벌 구멍을 막는 농게 22
고창갯벌 조개가 흙을 먹고 토하면 24
신안갯벌, 여자만갯벌 게는 갯벌 청소 전문가 30
지식 더하기_ 갯벌 생물이 청소할 수 없는 것들 36
강화갯벌 갯벌에서도 풀이 자란다 38

2장 갯벌의 변화

새만금갯벌 칠게가 위험해 46
영종도갯벌 인천 국제공항이 갯벌이었을 때 52
오이도갯벌 갯벌에서 바지락을 캘 때 흙을 긁지 마세요 58
지식 더하기_ 그 많던 갯지렁이는 어디로 갔을까? 64

3장 갯벌과 사람들

오이도갯벌 새 부리와 똑 닮은 갯벌 도구들 68
고흥갯벌 바지락이 비를 기다린다니 72
제주 오조리갯벌 제주도에도 갯벌이 있다 78
지식 더하기_ 제주에서는 연안 습지를 뭐라고 부를까? 85
보성·순천갯벌 아무나 흉내 낼 수 없는 뻘배 타기 86
지식 더하기_ 갯벌이 품고 있던 보물선 94

나오는 이야기 ___ 흰 모자를 쓴 갯벌 96
작가의 말 102

이 책에 나오는 우리나라 갯벌

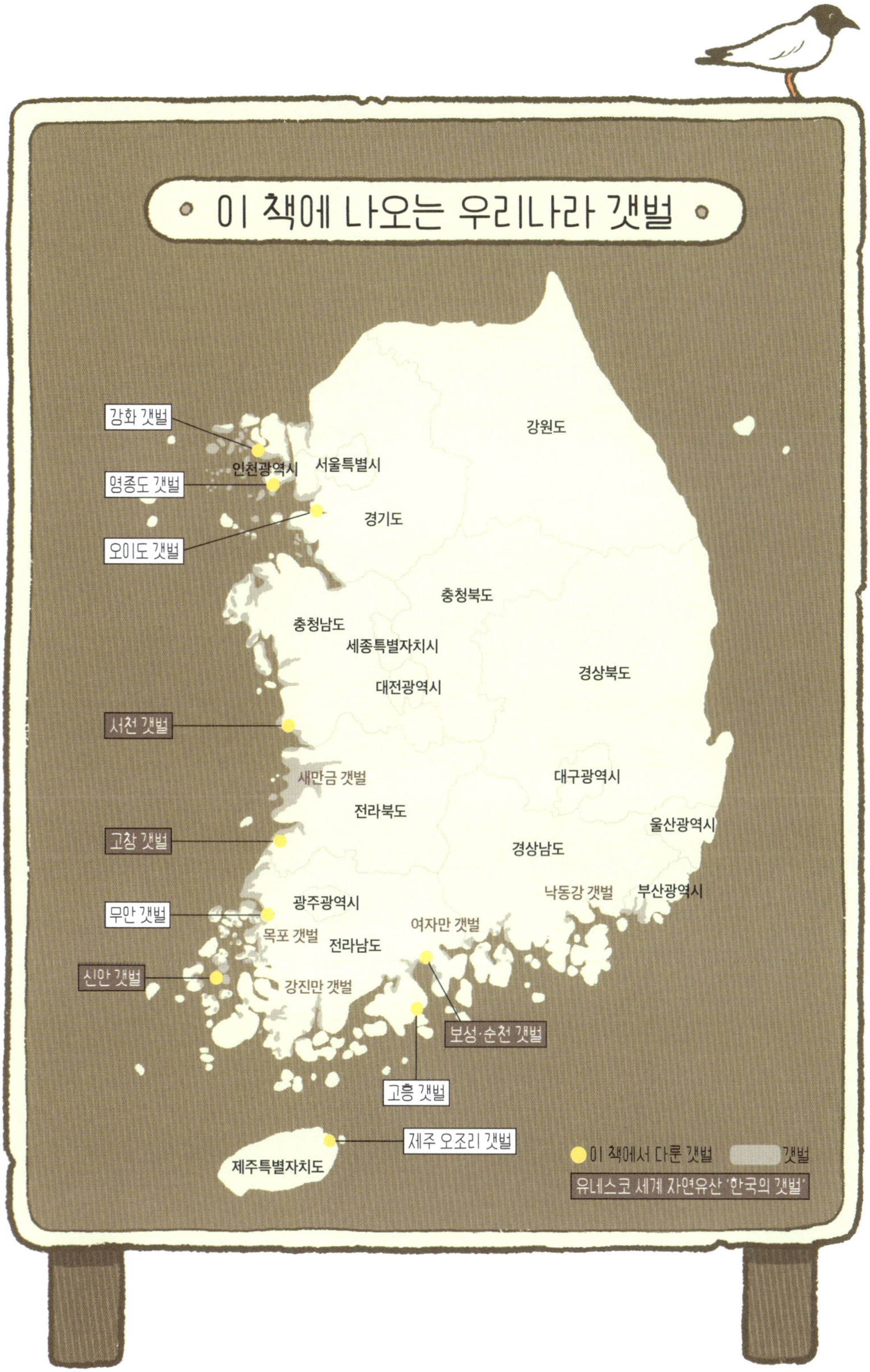

- 강화 갯벌
- 영종도 갯벌
- 오이도 갯벌
- 서천 갯벌
- 새만금 갯벌
- 고창 갯벌
- 무안 갯벌
- 목포 갯벌
- 신안 갯벌
- 강진만 갯벌
- 여자만 갯벌
- 보성·순천 갯벌
- 고흥 갯벌
- 낙동강 갯벌
- 제주 오조리 갯벌

● 이 책에서 다룬 갯벌   갯벌
유네스코 세계 자연유산 '한국의 갯벌'

인천광역시 / 서울특별시 / 경기도 / 강원도 / 충청남도 / 세종특별자치시 / 충청북도 / 대전광역시 / 경상북도 / 전라북도 / 대구광역시 / 울산광역시 / 경상남도 / 부산광역시 / 광주광역시 / 전라남도 / 제주특별자치도

들어가는 이야기

갯벌이 보여 준 풍경

바닷물이 찰랑찰랑하게 가득 차 있다가 저 멀리까지 쭉 빠지고 나면 가려져 있던 땅이 드러납니다. 촉촉하고 쫀득한 흙이 쌓인 곳도 있고, 까끌까끌한 모래가 수북한 곳도 있습니다. 진흙과 모래 위 구멍으로 물줄기가 솟아오르고 생물들이 쏙쏙 튀어나오는 이곳은 '갯벌'입니다.

다시 물이 들어와 잠기기 전까지 갯벌 주변의 모든 생물은 풍요로운 생태계를 누립니다. 물이 빠지는 순간만을 기다렸던 새들은 서둘러 먹이 활동을 합니다. 그들을 피해 게나 고둥 역시 열심히 모래나 펄 속에서 먹이를 찾습니다. 사람들도 자연이 허락한 시간 동안 조개나 게, 낙지를 잡습니다. 아이들과 함께 갯벌 체험도 나갑니다.

우리도 갯벌로 나가 봅시다. 진흙이 쌓여 있는 펄 갯벌로 갈까요? 펄 갯벌은 진흙이 물을 잔뜩 머금고 있어 무척 미끌미끌합니다. 들어가면 발이 푹푹 빠지기도 하고요. 바닷물의 흐름이 아주 느린 곳에 쌓인 흙이기 때문에 밀가루처럼 입자가 아주 곱습니다. 섬이 촘촘하게 모여 있는 바닷가 또는 바다로 나가는 길목이 좁고 바다가 육지 쪽으로 파고든 지형에 잘 만들어집니다.

　그보다 굵직한 모래가 쌓여 있는 모래 갯벌로 가면 조금 더 다니기 쉬울까요? 이곳은 파도가 세기 때문에 진흙보다 알갱이가 크고 묵직한 모래들이 쌓여 있습니다. 주로 방파제나 섬, 바위 등이 없는 곳에 모래가 잘 쌓입니다. 파도가 실어 나른 모래가 바다 한가운데 쌓여 '풀등'이라는 모래섬을 만들기도 합니다. 이런 곳에 좋은 해수욕장이 있습니다.

모래와 진흙, 자갈이 한데 섞여 있는 갯벌도 있습니다. 혼합(혼성) 갯벌이라고 부르는 이곳을 어민들이 가장 좋아합니다. 게와 조개 등 생물이 풍부하고 갯벌 체험 장소로도 적합하기 때문입니다. 혼합 갯벌이 있는 바다에는 펄 갯벌이나 모래 갯벌이 군데군데 보이기도 합니다.

이제부터는 내가 우리나라 곳곳에 있는 갯벌을 찾아다니며 만난 생물과 사람들 이야기를 들려주려고 합니다. 물이 들고 나는 갯벌에서 생물들은 어떻게 살고 있을까요? 오늘날 갯벌에서는 무슨 일이 벌어지고 있을까요? 이 이야기를 알고 갯벌에 가면 새로운 갯벌이 보일 거예요.

1장

갯벌의 생태계

무안 갯벌

갯벌에는 왜 구멍이 많을까

어느 봄날, 텔레비전 프로그램 〈한국 기행〉의 작가로부터 갯벌 촬영에 함께해 줄 수 있느냐는 연락을 받았습니다. 마침 그날 아이와 약속이 있어서 거절했는데, 함께 오면 더욱 좋을 것 같다고 하여 딸 별아에게 물어보았습니다. 다행히 별아도 좋다고 해서 여행을 떠났습니다.

목적지는 무안 갯벌이었습니다. 집에서 가까워 가끔 갯벌을 구경하거나 노을을 보기 위해 찾곤 했던 친숙한 곳입니다.

차를 타고 40분쯤 지났을까요. 도로 양쪽으로 갯벌이 펼쳐졌습니다. 무안 갯벌은 전라남도 무안군 무안읍에서 해제면으로 가는 도로를 기준으로 동쪽에 위치해 있습니다. 함평의 갯벌과 만나 함평만(함해만)을 이루고 있지요. 도로의 서쪽으로는 신안 갯벌과 탄도만 갯벌이 이어져 있습니다.

별아가 차창을 열고 신이 나 외쳤습니다.
"아빠, 갯벌이 더 넓어진 것 같아요!"
"아, 갯벌에 물이 많이 빠져서야. 가만 보자. 음, 오늘은 '사리'구나. 바닷물이 많이 들고 빠지는 날을 사리라고 해. 오늘 우리 별아랑 낙지 많이 잡을 수 있겠네."

도로 끝 툭 튀어나온 땅의 끝자락에 이르러 차를 멈추었습니다.

이곳은 달머리 마을입니다. 마을 어귀에 원병이 아저씨가 있었습니다. 원병이 아저씨는 달머리 마을에서 평생 낙지잡이를 해 온 분입니다. 이날도 어김없이 주민 몇 분과 낙지잡이에 나서는 길이었습니다.

무안 갯벌에서 삶을 꾸려 가는 주민들 이야기를 촬영하고 싶다는 감독에게 원병이 아저씨를 소개했습니다. 아저씨는 환하게 우리를 반겨 주었습니다.

"물이 일찍부터 많이 빠진 날이라 저 똥섬까지 갈 수 있겠네요. 별아야, 오랜만이야."

"아저씨 안녕하세요! 그런데 그 삽과 바구니는 뭐예요?"

"아, 이건 가래랑 조락이야. 가래는 낙지 잡을 때 갯벌 파는 삽이고, 조락은 낙지 담는 대나무 바구니지. 이것들로 별아가 좋아하는 낙지 많이 잡아야겠다. 하하하."

원병이 아저씨는 신나서 앞장서 길을 안내했습니다.

"자, 우리 갯벌로 들어갑시다. 장화랑 옷은 챙겨 오셨어요?"

"네. 저는 목이 긴 장화와 갈아입을 옷은 늘 가지고 다녀요. 별아 장화도 챙겼어요."

"역시 갯벌 박사님이라. 허허."

원병이 아저씨를 따라 갯벌로 들어가면서 내가 별아에게 속삭였습니다.

"별아야, 갯벌에도 다니는 길이 있어. 아저씨가 가는 길 보고 잘 따라가자. 잘못 가면 늪에 빠진 것처럼 움직일 수 없게 된단다."

조락

가래

어민들은 가래랑 조락을 직접 만들기도 해요. 원병이 아저씨도 이 도구들을 직접 만들었지요.

앞선 원병이 아저씨는 두리번두리번 갯벌을 살피면서도 성큼성큼 걸어갔습니다. 하지만 별아와 나는 엉거주춤 뒤뚱거리며 겨우겨우 뒤를 따라갔지요. 펄 흙에 발이 쑥쑥 빠지는 통에 별아가 큰 소리로 "아빠!" 하고 불렀습니다. 앞서가던 아저씨가 돌아보며 별아에게 손짓을 했습니다.

"쉿! 별아야, 조용히 해 줘. 소리 나면 낙지가 구멍 속에 더 깊게 들어가거든."

원병이 아저씨는 걸으면서도 낙지가 숨어 있는 구멍을 찾느라 두리번거렸던 거예요.

갯벌은 구멍 천지입니다. 그 구멍은 갯벌 생물들의 서식굴입니다. 사람의 집과 같은 곳이지요. 그런데 엄청나게 많은 이 구멍 가운데 낙지가 있는 구멍을 어떻게 찾는다는 것일까요? 별아와 나도 원병이 아저씨를 따라 어떤 게 낙지 구멍인지 찾으려 두리번거렸지만 알 수가 없었습니다.

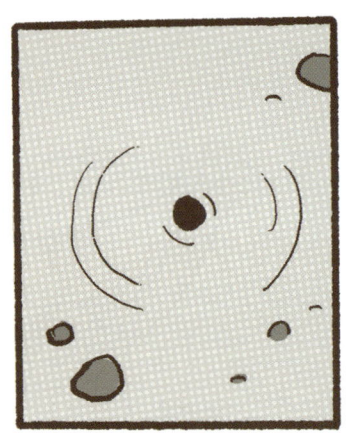 

드디어 아저씨가 조용히 가래로 구멍 하나를 가리켰습니다. 작은 구멍 주변으로 흙이 봉긋하게 올라와 있었습니다. 그런데 아저씨는 그 구멍을 파지 않고 주변의 다른 구멍을 찾기 시작했어요. 나는 왜 그런지 궁금해 물었습니다.

"아까 그 구멍이 낙지 구멍 아닌가요? 왜 다른 구멍을 찾으세요?"

"구멍 옆에 물 흐른 흔적이 있었거든요. 낙지가 내뿜은 물이에요. 그 주변에 낙지가 들어가고 나오는 입구가 따로 있지요."

원병이 아저씨는 곧 몇 개의 구멍을 찾아냈습니다. 그 구멍들을 가리키며 별아에게 말했지요.

"이것 좀 봐. 구멍이 좀 더 크고 주변에 특이한 흔적들이 있지. 낙지가 게를 잡아서 끌고 간 흔적이란다. 낙지는 칠게를 참 좋아하거든."

별아가 고개를 끄덕였습니다. 이제 아저씨는 땀을 뻘뻘 흘리며 가래로 구멍을 팠습니다. 그렇게 10여 분 삽질을 하더니 구멍 속에서 낙지를 꺼냈습니다. 시장에서 보던 낙지와 다르게 다리가 길고 가늘었습니다. 아저씨는 낙지를 웅덩이 물에 깨끗하게 씻어서 조락에 담았습니다. 그리고 다시 낙지 구멍을 찾아 갯벌을 걷기 시작했습니다. 별아와 나도 그 뒤를 따랐습니다.

와!

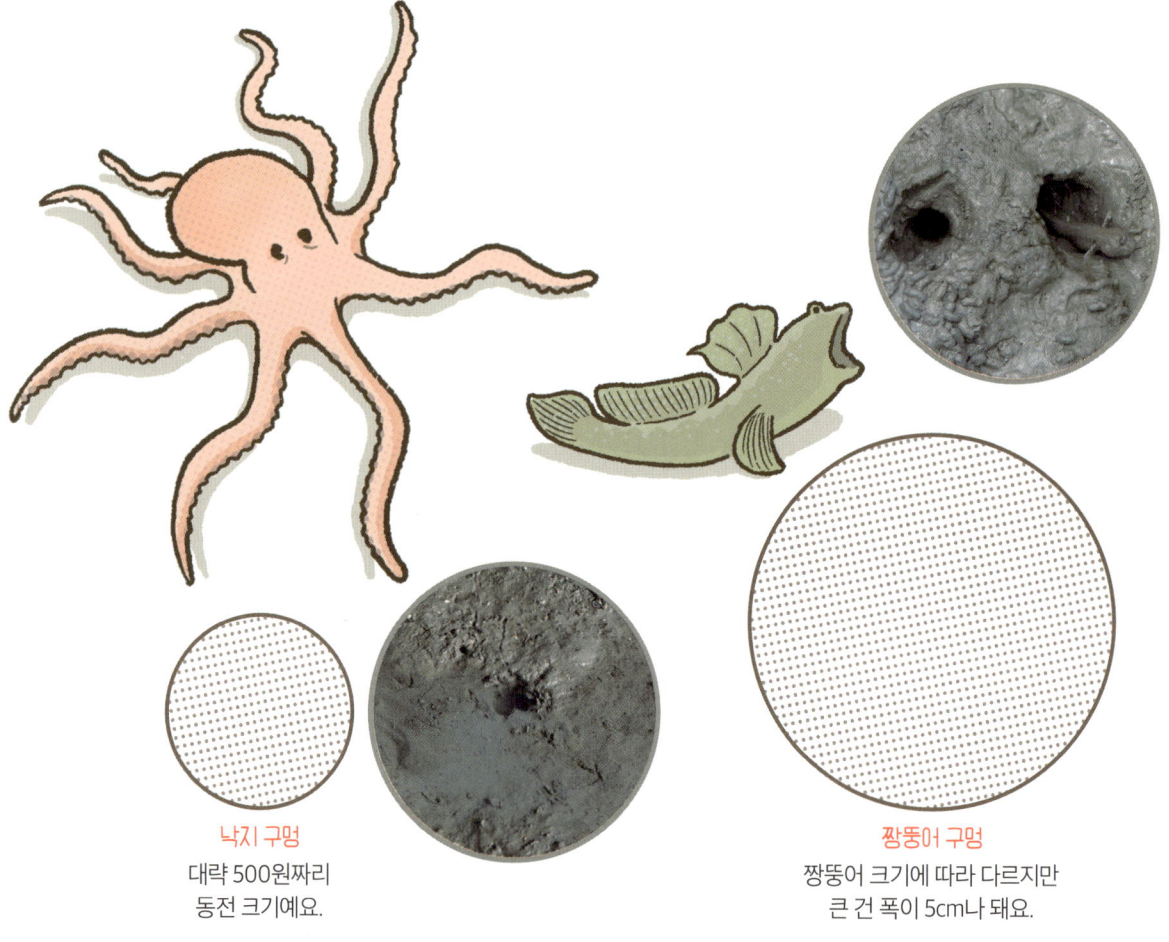

낙지 구멍
대략 500원짜리 동전 크기예요.

짱뚱어 구멍
짱뚱어 크기에 따라 다르지만 큰 건 폭이 5cm나 돼요.

별아가 조용조용한 목소리로 원병이 아저씨를 불러 세웠습니다.

"아저씨, 아저씨. 여기도 낙지 구멍이 있어요."

별아가 가리킨 구멍을 보고 아저씨는 웃으며 답했습니다.

"하하하. 별아야, 여긴 짱뚱어가 사는 곳이야."

"아저씨는 구멍만 보고 누가 사는지 어떻게 알아요?"

"생물마다 구멍 모양이 다 달라서 그걸 보고 알지."

아저씨는 주변의 구멍을 하나하나 가리키면서 그 구멍에 사는 생물이 뭔지 알려 주었습니다.

"망둑어가 사는 구멍은 동전보다 좀 더 크고, 수직으로 크게 뚫린 구멍은

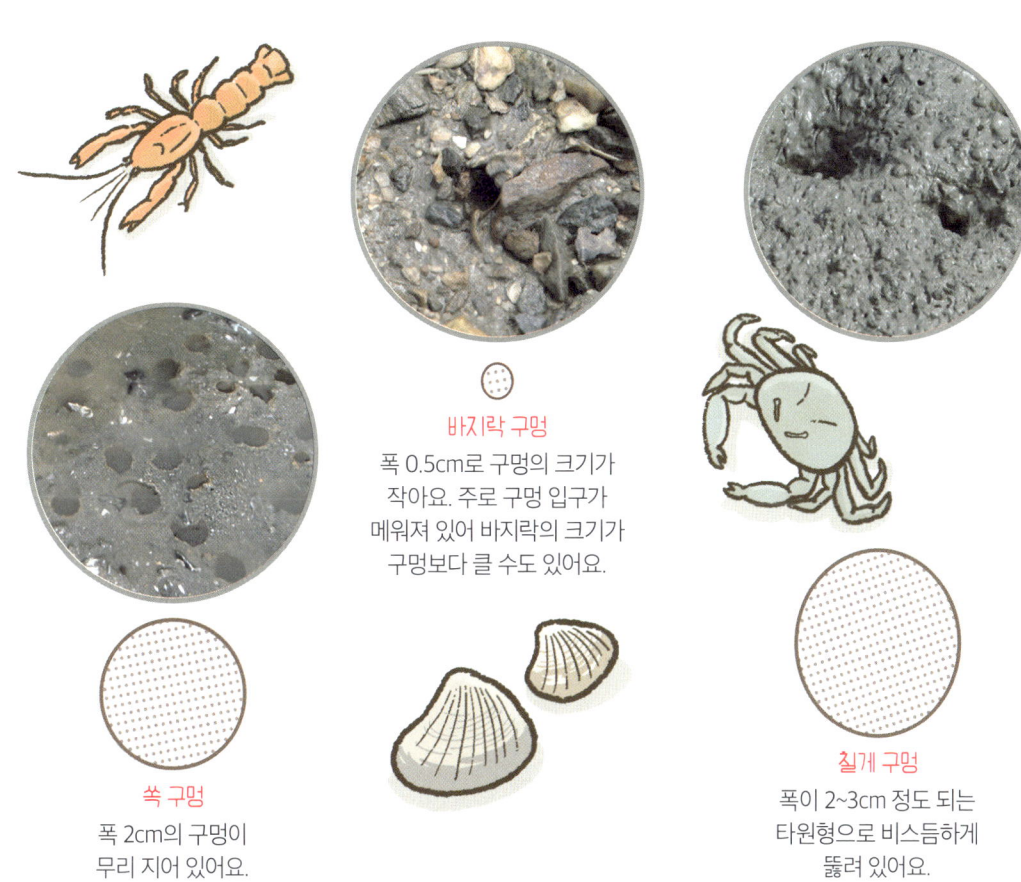

바지락 구멍
폭 0.5cm로 구멍의 크기가 작아요. 주로 구멍 입구가 메워져 있어 바지락의 크기가 구멍보다 클 수도 있어요.

쏙 구멍
폭 2cm의 구멍이 무리 지어 있어요.

칠게 구멍
폭이 2~3cm 정도 되는 타원형으로 비스듬하게 뚫려 있어요.

갯가재가 사는 집이야. 작은 타원형 구멍은 바지락이 사는 곳이지."

구멍 모양만 보고 안에 어떤 갯벌 생물이 사는지 알아내다니 무척 놀라웠습니다.

그날 이후로 내게 갯벌 구멍은 탐구의 대상이었습니다. 많이 관찰하고 연구해서 새롭게 알게 된 구멍, 즉 갯벌 생물들의 집은 참으로 다채로웠어요.

낙지, 망둑어, 칠게, 농게, 갯지렁이 등 갯벌 생물들은 각각 집의 모양이 다릅니다. 망둑어나 짱뚱어가 사는 구멍은 입구부터 속까지 구멍이 열려 있습니다. 소금을 구멍에 넣어 잡는 맛조개의 구멍은 둥근 마름모 모양입니다.

갯벌 생물들은 왜 구멍을 파는 걸까요? 바닷물이 빠져 평평해진 갯벌에서는 활동을 시작한 게나 망둑어 등을 멀리서도 쉽게 발견할 수 있습니다. 먹이를 찾는 도요새나 물떼새 등 물새들도 이들을 쉽게 찾아내지요. 그러니 갯벌 생물들이 구멍을 파서 몸을 숨겼던 거예요. 간혹 다급해지면 남의 집으로 들어가는 생물도 있답니다.

불가사리
주로 모래 갯벌에 살아요. 소라, 고둥, 조개를 좋아하고 하루에 바지락을 15개 넘게 먹을 정도로 먹성이 좋아 어민들이 좋아하지 않는 생물이에요.

동죽
모래 갯벌에서 타원형의 구멍을 파고 살아요. 통통한 조개껍질에 물을 가득 품고 있다가 가끔 분수처럼 훅 뿜어요. 검은머리물떼새가 특히 좋아하지요.

개불
모래 갯벌에 사는 개불은 U자 모양의 깊은 구멍을 파고 살아요.

가리맛조개
여름철에 여자만의 펄 갯벌에서 나온 가리맛조개는 맛이 좋아 인기가 많아요. 갯벌에선 30~60cm 길이의 구멍을 파고 살아요.

갯지렁이
우리나라 모든 바다에서 볼 수 있어요. 갯벌 속 흙을 밖으로 보내서 갯벌에 산소를 공급하는 역할을 해요.

이렇게 갯벌 생물들이 갯벌에 구멍을 뚫으면 구멍 속으로 물이 들어가고 산소가 공급되면서 갯벌이 썩는 것을 막을 수 있습니다. 갯벌 생물 스스로 서식지인 갯벌을 건강하게 만드는 것입니다.

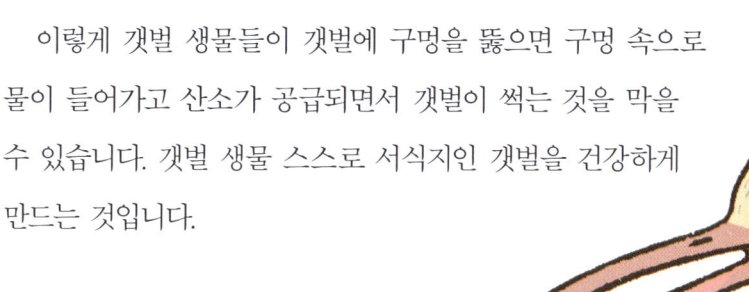

칠게
펄 갯벌에서 볼 수 있는 칠게는 갯벌 생물의 깃대종*이라고 불려요.

낙지
펄 갯벌이나 혼합 갯벌에 사는 낙지는 겨울에는 먹이 활동을 하지 않고 구멍 속에서 겨울잠을 자요.

바지락
주로 혼합 갯벌에 살아요. 구멍을 파고 들어가 모래나 진흙 속에 있는 식물성 플랑크톤을 먹어요.

맛조개
모래 갯벌에 사는 맛조개는 구멍 파기 선수예요. 긴 발을 내밀어 쑥 구멍을 파지요.

갯벌에 구멍이 많으면 그만큼 다양한 생물들이 살고 있다는 뜻이랍니다.

*깃대종
특정 지역의 생태, 지리, 문화적 특성을 지닌 생물로서 반드시 보호해야 할 생물이라고 여기는 생물종.

지식 더하기

갯벌 구멍을 막는 농게

갯벌에 사는 생물들 대부분은 천적으로부터 몸을 보호하기 위해서 구멍을 팝니다. 그런데 농게는 조금 다른 이유로 구멍을 팝니다. 농게는 물을 싫어해서 구멍을 판다고 해요. 게가 물을 싫어한다니 좀 이상하지요? 농게는 바닷물이 들어올 때면 흙을 한 가래 뚝 떠서 구멍을 막고 안으로 들어갑니다. 집 안으로 들어가면서 문단속을 하는 것입니다. 집 관리가 철저한 게입니다.

농게는 '황발이'라고도 불려요. 우리나라에서 많이 보이는 농게는 대부분 발이 붉은색을 띄는 붉은발농게입니다. 주로 질퍽한 펄 갯벌에 집을 짓고 살아요. 발이 흰색인 흰발농게는 모래가 많이 섞인 갯벌에 서식하고요.

갯벌의 염생 식물이 자라는 곳에 가면 붉은 집게발을 번쩍 들고 있는 귀여운 농게를 만날 수 있습니다. 염생 식물 사이에 지름 2센티미터 남짓한 구멍을 보면 영락없이 농게가 사는 집이라는 걸 확인할 수 있습니다. 이때 농게를 가만히 들여다보세요. 수컷과 암컷을 쉽게 구별할 수 있습니다. 보통 게의 수컷과 암컷을 구별할 때에는 배의 모양을 보는데, 농게는 집게발만 보아도 알 수 있기 때문입니다.

수컷의 집게발은 한쪽 발이 아주 크고 다른

흰발농게

모래 갯벌

쪽은 아주 작습니다. 암컷은 집게발 2개가 모두 작습니다. 수컷의 큰 집게발은 경쟁하는 수컷과 싸움할 때나 짝짓기를 할 때 뽐내는 다리입니다. 암컷의 집게발은 흙을 긁어 펄 속에 있는 규조류*를 먹기에 좋은 모양입니다.

수컷은 집게발을 제외한 나머지 발로 구멍을 파서 암컷을 유혹합니다. 멋진 구멍 집을 만들어 놓고 자신의 몸무게만큼이나 무거운 집게발을 흔들어 댑니다. 그런데 암컷 농게는 수컷의 집게발보다는 수컷이 지어 놓은 집을 보고 짝짓기 상대를 결정합니다. 1번만 보지 않고 10여 차례 수컷이 만들어 놓은 집을 살피고 마음을 정한다고 하네요. 농게에게 집인 구멍은 여러모로 중요한 의미를 가지고 있나 봅니다.

*규조류
민물과 바닷물에 널리 퍼져 있는 플랑크톤으로 게와 조개 등의 먹이가 된다.

고창 갯벌

조개가 흙을 먹고 토하면

따뜻한 봄이 오면 각 지역에서 여러 갯벌 체험 프로그램이 열립니다. 도시 생활에 익숙했던 어린이들이 영상과 사진으로만 보던 너른 갯벌에 직접 발을 디디고 조개도 잡는 등 다양한 활동에 참여할 수 있습니다.

고창 갯벌에 갔을 때 갯벌 체험 프로그램이 열린 시기라 나도 함께했습니다. 사람들 사이에 끼어 장화를 빌려 신고 호미와 바구니를 들고 갯벌로 가는 트랙터에 올랐지요. 같이 트랙터에 탄 어린이들이 잔뜩 기대에 부풀어 조잘대는 모습을 보니 나도 신이 났습니다.

"자 여러분, 여기서 내리세요. 주변에서 동죽을 캐 볼 거예요."

체험 대장의 안내에 따라 다들 트랙터에서 내려 여기저기 흩어졌습니다. 그리고 쭈그려 앉아 호미질을 했습니다.

호미로 흙을 푹 파면 흙과 함께 동죽이 올라왔습니다. 입을 벌리고 있던 동죽은 호미가 닿을라치면 잽싸게 입을 닫았지요. 더 이상 우리를 건들지 말라는 듯 잔뜩 몸을 웅크렸습니다.

문득 검은머리물떼새가 갯벌 구멍에 단단한 부리를 집어넣어 동죽을 잡는 장면이 떠올랐습니다. 그때 조개의 입이 순식간에 꽉 닫히거든요.

'호미랑 새 부리랑 하는 일이 똑같네. 조개 반응도 똑같고.'

슬며시 웃음이 났습니다.

곧 여기저기서 흥에 겨운 소리들이 터져 나왔습니다.
"와, 여기 동죽 되게 많아요."
"바구니 하나를 다 채웠어요!"
마트에서 사 먹기만 했던 조개를 직접 캐는 경험이 무척 신기한 듯 보였습니다.
"다들 충분히 캐셨나요? 여러분들이 캔 동죽은 집에 가져가셔도 됩니다. 이제 뭍으로 나가 볼까요?"
체험 대장의 말에 우리는 각자가 캔 조개를 들고 갯벌에서 나왔습니다. 그런데 속속 뭍으로 올라오는 사람들을 그곳에 있던 주민이 붙잡았습니다.
"여기 이 동죽이랑 바꿔서 가져가세요."
한 어른이 의아해서 주민에게 물었습니다.
"제가 캔 동죽을 가져가면 안 되나요?"
"그런 건 아닌데…… 그건 해감이 안 되어서 바로 못 먹어요. 이 동죽은 한참 해감을 해서 괜찮거든요."

동죽

나는 주민들의 섬세한 배려에 감동했습니다. 그러다 갑자기 궁금한 게 생겼습니다. 조개라고 모두 해감을 해야 하는 건 아니거든요. 동죽과 같은 모래 갯벌에 사는 백합은 해감이 필요 없습니다. 나는 옆에 있던 어민에게 물었습니다.

"왜 동죽은 꼭 해감을 해야 하는데, 백합은 해감이 필요 없을까요?"

"백합은 입을 닫았을 때 빈틈이 없을 정도로 잘 물리는데 동죽은 틈이 생긴답니다. 그래서 모래나 이물질이 들어갈 수 있어요."

정말 그럴까 궁금했던 나는 근처에서 어민에게 백합을 좀 사 봤습니다. 상태를 살펴보니 백합에는 정말 바늘구멍만 한 틈도 없었습니다. 하지만 내가 캔 동죽은 좀 엉성하게 닫혀 있다는 느낌이었습니다.

갯벌에서 가져간 조개는 어떻게 해감을 뱉게 할까?

조개는 '해감'이라는 것을 내뱉습니다. 해감은 바닷물에서 흙이나 유기물이 썩어 생기는 찌꺼기를 말해요. 조개를 요리하기 전에 이걸 뱉어 내게 하는 과정을 '해감한다'고 표현하기도 하지요.

시장이나 마트에서 파는 조개류는 이미 해감을 해 놓은 것들입니다. 그래서 바로 조리할 수 있지만 갯벌에서 직접 캐 온 조개는 시간을 두고 해감을 해야 합니다. 원래 있던 곳과 비슷한 환경을 만들어 주면, 조개는 입을 열고 해감을 뱉어 내죠. 그래서 해감을 할 때 소금물을 넣고 검은 봉지를 씌워서 갯벌 속과 비슷하게 만들어 주는 것입니다.

조개는 빨대처럼 생긴 2개의 관을 가지고 있는데 하나는 입수관, 다른 하나는 출수관입니다. 입수관으로는 바닷물을 빨아들여 그 안에 있는 유기물을 먹습니다. 그러고 나서 아가미를 통해 이물질을 거른 뒤 출수관으로 내보냅니다. 이 과정에서 조개 안으로 흙이 들어갑니다.

특히 동죽은 출수관에서 뱉는 물줄기가 강해서 '물총 조개'라는 별명을 가지고 있습니다. 물이 쭉 뻗어 나올 만큼 두 껍데기 사이가 넓고, 그만큼 흙도 많이 섭취해 해감을 잘 해야 한다고 이야기하는 것입니다.

조개는 갯벌에서 해감을 뱉어 내면서 바닷물을 깨끗하게 합니다. 영양 염류*라는 유기물이 너무 많아지면 바닷물이

*영양 염류
바닷물 속에 있는 인산염, 질산염 등으로 식물 플랑크톤이나 바닷말이 늘어나게 한다.

조개의 능력을 실험해 보자!

① 유리컵에 각각 흙탕물을 넣습니다.

② 한쪽은 조개를 10여 마리 정도 넣고 다른 쪽은 그냥 둡니다.

오염되는데, 조개가 그 유기물을 먹이로 삼기 때문이지요. 조개는 해감을 통해 육지에서 강과 하천에서 내려오는 오염 물질까지 깨끗하게 합니다.

그럼 바다에 영양 염류가 너무 많아지면 어떻게 될까요? 바닷물이 붉게 변하는 '적조 현상'이 일어납니다. 바다 생물이 먹을 수 있는 것보다 영양 염류가 훨씬 많아서 바다가 붉게 보이는 거죠. 적조 현상이 생기면 어류와 조개류가 숨을 쉴 수 없어 죽게 됩니다. 그에 따라 어민들도 큰 피해를 보게 되고요. 그러니 이제부터라도 건강한 갯벌 환경을 만들어 많은 조개가 해감을 뱉어 낼 수 있도록 해야겠습니다.

준비물
유리컵 2개, 바닷가 흙, 조개 10마리

③ 5분 뒤 두 유리컵을 관찰합니다.
조개를 넣은 컵의 물이 맑게 바뀌는 것을 발견할 수 있습니다.

5분 경과

신안 갯벌, 여자만 갯벌

게는 갯벌 청소 전문가

갯벌을 깨끗하게 만드는 생물에 조개만 있는 건 아닙니다. 갯벌에서 흔히 만날 수 있는 게 또한 갯벌의 청소 전문가지요. 그 모습은 항상 신기한 장면을 연출합니다. 특히 전라남도 신안에 있는 우이도에 가면 그 장면을 생생하게 볼 수 있습니다.

우이도는 해마다 가족 모두 함께 자주 여행 가는 섬입니다. 파도와 바람이 만든 커다란 모래 언덕으로 유명한 곳이지요. 이곳의 갯벌 또한 볼거리가 많기로 이름나 있습니다. 우이도 갯벌엔 바다 생물이 무척 풍부합니다. 그래서 조선 시대 학자 손암 정약전 선생이 이 지역 주변에서 유배 생활을 하면서 지역 주민들의 도움을 받아 바닷물고기의 백과사전인 《자산어보》를 쓰기도 했습니다.

10여 년 전 별아와 별아 언니들을 데리고 우이도에 놀러 갔던 날의 기억은 아직도 특별하게 남아 있습니다. 아이들은 도착하자마자 신발을 벗고 모래 갯벌을 달렸습니다. 그 근처에서 먹이를 찾던 달랑게와 엽낭게가 깜짝 놀라 구멍으로 몸을 숨겼어요. 미처 피하지 못한 달랑게는 바람처럼 재빠르게 달아나 순식간에 모래 갯벌에서 사라졌고요.

달랑게는 밤에 먹이 활동을 하고 낮에는 구멍 속에서 휴식을 취합니다. 하지만 우이도처럼 사람이 거의 없는 모래 해변에서는 물이 빠지면 낮에도 먹이 활동을 해요.

'어쩜 저렇게 빠르게 움직이지?'

넋 놓고 지켜보다 달랑게들이 지나간 자리에 남겨 둔 모래 경단을 발견했습니다. 콩알보다 조금 큰 동글동글한 모양의 모래 덩어리였어요.

그보다 더 작은 알갱이도 보였습니다. 이를 만든 주인공은 엽낭게입니다. 크기가 작아 콩게라고도 부르지요. 엽낭게들도 조개처럼 모래에 붙은 유기물을 먹고 모래만 뱉어 냅니다.

게들이 사라진 모래 갯벌에는 모래 경단만 남아 있었습니다. 모래 경단 수백 개, 수천 개가 만들어 낸 모양은 놀라웠어요. 어떤 미술 작가나 설치 작가도 만들어 낼 수 없는 다양한 모양이 모래 캔버스 위에 그려져 있었습니다. 서식굴을 둘러싸고 타원형, 원형, 긴 고래 모양, 거미줄 모양, 구름 모양 등의 다양한 작품이 펼쳐져 있었어요.

"아빠, 꼭 예술 작품 같아요."

"빨리 가서 사진 찍자!"

별아와 언니들은 휴대폰을 들고 이리저리 사진을 찍느라 야단이었습니다.

게들이 갯벌에 뱉어 놓은 모래는 세상에서 가장 깨끗한 모래입니다.

달랑게

집게다리로 모래를 떠서 그 알갱이 주변에 붙은 유기물들을 먹고 남겨 놓은 것이기 때문입니다. 게들이 사는 해수욕장은 모래가 깨끗한 해수욕장이라고 봐도 됩니다.

달랑게와 엽낭게가 모래 갯벌의 청소부라면, 펄 갯벌의 청소부는 칠게입니다. 칠게를 많이 관찰하기 위해선 여자만 갯벌로 가면 좋아요. 여자만 갯벌은 순천 갯벌, 보성(벌교) 갯벌, 고흥 갯벌, 여수 갯벌을 포함하는 우리나라 최고의 갯벌입니다. 순천 갯벌과 보성(벌교) 갯벌은 유네스코 세계자연유산인 '한국의 갯벌'에도 포함되어 있습니다. 고흥 갯벌과 여수 갯벌도 세계 자연유산이 된다면, 여자만 전체가 세계 자연유산 갯벌이 될 수도 있는 거지요.

나는 2023년 여자만 근처로 이사를 했습니다. 그해 여름, 이제는 고등학생이 된 별아가 친구들을 초대했습니다. 여자만 갯벌로 나간 별아와 친구들은 갯벌 체험장에서 옷이 펄 흙으로 범벅이 되는 줄도 모르고 놀았지요. 나는 그 모습을 흐뭇하게 지켜보았습니다. 아이들은 먹이 활동을 하느라 정신없는 칠게와 팔딱팔딱 뛰는 짱뚱어와 말뚝망둑어을 보고 무척 흥미로워했어요. 저 멀리서 펄 깊은 곳에 손을 집어넣어 가리맛조개를 쑥쑥 잡는 어민들을 보며 감탄하기도 했습니다.

숟가락 모양 집게발로 펄을 퍼서 유기물은 먹고 흙은 뱉어 내는 칠게의 모습은 모래 갯벌에서 달랑게가 모래를 뱉어 내는 것과 비슷합니다. 여자만을 건강하고 깨끗하게 한 일등 청소부는 칠게인 것이지요. 그곳에서 낙지나 가리맛조개가 건강하게 자라고, 어민들이 이들을 잡아서 먹고사는 것도 칠게들이 열심히 청소를 하기 때문입니다. 그해 여름 별아도 여자만 갯벌을 가득 메운 칠게들 덕분에 건강한 갯벌을 만날 수 있던 거겠지요.

칠게

지식 더하기

갯벌 생물이 청소할 수 없는 것들

사람들은 갯벌을 청소하는 생물들을 대단하다고 하지만 사실 갯벌 생물들 입장에서는 먹이 활동을 하는 것입니다. 육지에서 만들어져 지하수에 녹아든 유기물이 강과 하천을 따라 갯벌로 흘러들었다가 갯벌 생물들의 먹이가 되지요.

문제는 이 유기물이 너무 많아지는 데 있습니다. 갯벌 생물들이 소화할 수 없을 정도가 되는 것입니다. 그러면 그만큼 갯벌 청소를 못 하겠지요. 여기에는 사람들이 육지에서 만든 쓰레기의 영향이 큽니다. 사람이 땅에 묻거나 태운 쓰레기는 비가 오면 땅속으로 스며들었다가 수십 년이 흐른 뒤에 바다로 흘러들기 때문이지요.

어민이나 체험객들이 버리고 간 통발이에요. 이 속에 바다 생물들이 들어가면 나오지 못하고 죽고 말아요.

갯벌에 버려진 플라스틱과 비닐봉지는 게들의 서식지를 위협하고 미세 플라스틱이 되어 물고기와 새 들의 생명을 빼앗아 가요.

조개와 게 들이 먹을 양보다 유기물이 넘쳐나면 바다 생물은 숨을 쉴 수 없게 됩니다. 특히 아가미로 호흡해야 하는 어류들은 질식해 죽게 됩니다. 사람이 만들어 낸 쓰레기는 갯벌 생물의 몸속에 촘촘히 쌓입니다. 갯벌에 사람들이 버리고 간 쓰레기들도 문제입니다. 갯벌 생물들의 생명을 위태롭게 하고 갯벌을 오염시키지요.

이 모든 건 마지막으로 사람에게 돌아옵니다. 자연 속에서 생물의 순환은 어김없이 일어나기 때문입니다. 육지에 사는 사람이 악순환의 고리를 끊어 주면 자연은 서서히 회복하는 쪽으로 순환하게 될 것입니다. 갯벌이 그 역할을 해 줄 거고요.

갯벌을 되돌리기 위해
어민들이 나서서 쓰레기를 수거해
청소하고 있어요.

| 강화 갯벌 |

갯벌에서도 풀이 자란다

　경기도 강화에는 희귀한 철새들이 많이 찾는 갯벌이 있습니다. 한강에서 바다로 나가는 길이 막히지 않아 갯벌이 건강한 곳입니다.
　강화 갯벌에서 새들을 관찰하게 된 날이었습니다. 갯벌 지킴이 활동을 하는 청년의 안내를 받아 강화도 남단 갯벌을 걷다가 갯벌에서 일하는 포클레인을 발견했습니다. 깜짝 놀랐지요. 포클레인은 육지에서 흙을 파거나 옮길 때 사용하는 중장비니까요. 펄 흙이 가득해 질퍽질퍽한 갯벌에 포클레인이 들어간 이유가 무엇인지 무척 궁금했습니다.

"저 포클레인은 왜 갯벌에 들어가 펄 흙을 파내는 거죠?"
활동가 청년에게 물었습니다.
"갯끈풀을 뽑는 거예요. 갯벌의 불청객을 파내는 거죠."
"포클레인까지 동원해서요?"
"아이고, 말도 마세요. 사람이 직접 삽으로 파내 보기도 했는데요. 그러면 뿌리까지 완전히 뽑기가 어려워요. 또 거기서 바로 잎이 올라오더라고요. 그래서 중장비까지 동원하게 된 겁니다."

강화 갯벌에 침입한 갯끈풀은 여러해살이풀로 외래 식물입니다. 외래 식물이란 우리나라에서 자라 온 식물이 아니라 외국에서 넘어온 식물을 말해요. 1미터 정도로 키가 크고, 땅속줄기*가 옆으로 뻗어 나가며 번식하지요. 뿌리가 매우 깊게 뻗어 내려가기 때문에 뽑는다고 쉽게 쑥쑥 뽑히는 식물이 아닌 거죠.

*땅속줄기
땅속에 있는 식물의 줄기. 감자나 토란이 땅속줄기 식물에 속한다.

갯벌을 지키는 활동가 청년이 한숨을 푹 쉬더니 말을 이었습니다.

"번식력도 아주 어마어마해요. 이 녀석들 때문에 갯벌이 엉망이 되어 가고 있어 아주 골칫거리예요."

"갯벌 생물에 미치는 영향이 클 수밖에 없겠군요."

"네, 조개랑 게부터 사라지고 있어요. 그냥 놔두면 갯벌이 아니라 아예 갯끈풀 밭으로 바뀔 거예요."

활동가 청년의 말을 듣고 있자니 내 입에서도 절로 한숨이 나왔습니다.

흔히 생각하는 것처럼 갯벌에는 나무와 풀이 거의 없습니다. 덕분에 식물성 플랑크톤 같은 미세 조류들은 훤히 드러난 갯벌 표면에서 햇빛을 받아 광합성을 하며 살아갑니다. 하지만 갯끈풀이 커다랗게 자라면 빛을 가려 광합성을 할 수 없겠지요. 그럼 점차 미세 조류들이 사라지면서 미세 조류를 먹는 조개나 게, 갯지렁이도 사라지고, 작은 갯벌 생물을 먹고 자라는 낙지나 새들도 사라집니다. 조개와 낙지를 잡아 먹고사는 어민들의 생활도 위협을 받게 되고요. 또한 갯끈풀 뿌리가 땅의 물과 영양분을 사정없이 빨아들여 갯벌이 육지처럼 단단해집니다. 갯벌 생태계 전체가 무너지는 것입니다.

갯끈풀은 전 세계적으로도 문제입니다. 국제자연보전연맹은 갯끈풀을 '가장 악성의 침략적 외래종 100종의 하나'라고 규정했습니다. 오죽하면 '갯벌의 파괴자'라는 별명까지 붙었습니다. 전문가들은 갯끈풀이 원래 미국과 맞닿은 대서양에서 자라는 식물이라 해류나 물새, 선박에 붙어서 옮겨 왔을 거라고 추측합니다. 초대받지 않은 손님이 제집인 듯 갯벌을 점령하고 다른 생물을 몰아내는 것입니다.

← 갈대 갯끈풀 →

본래 우리 갯벌에 살던 토종 식물들은 이미 오랜 시간 다른 생물과 함께 어우러져 살면서 이롭게 자리했습니다. 갯벌에 사는 식물을 염생 식물이라고 하는데, 염분이 많은 토양에서 자라는 식물을 가리켜요. 인천 국제공항 주변의 갯벌에서 붉은 융단처럼 보이는 해홍나물, 순천만의 칠면초나 갈대, 염전에서 볼 수 있는 퉁퉁마디, 제주도 바닷가 모래밭이나 바위틈에 자라는 순비기나무 등이 모두 염생 식물입니다.

염생 식물은 생태계에서 역할이 참 큽니다. 숲에 있는 나무보다 염생 식물이 흡수하는 이산화 탄소의 양이 훨씬 더 많고 산소도 더 많이 배출해 이롭지요. 또한 농게나 말뚝망둑어 같은 작은 생물들이 천적의 공격을 피할 수 있게 울타리가 되어 줍니다.

토종 염생 식물은 갯벌 생태계에만 이로운 게 아니라 주민들의 생활에도 큰 도움을 줍니다. 퉁퉁마디나 칠면초는 샐러드나 반찬으로 만들어 먹고 약으로도 써요. 순비기나무 줄기는 엮어서 바구니로 만들고, 열매는 해녀 할머니들 두통 치료제로 사용합니다. 또 잎은 천연 염색 재료로 이용하지요. 갈대는 예부터 집을 지을 때 이엉*으로 만들어 지붕에 얹고, 땔감으로도 사용하지요. 요즘에는 차로 만들어 마시거나 공예품으로 만들기도 해요.

이렇게 갯벌에 이로운 토종 염생 식물을 갯끈풀이 밀어내고 있으니, 중장비까지 동원해서라도 없애려고 하는 거지요. 이런 변화를 알아차리고 나면 인간이 재빠르게 개입해 원인을 찾고 복구해야 합니다. 갯벌의 변화에 많은 사람이 관심을 가져야 하는 이유입니다.

*이엉
초가집의 지붕이나 담을 덮기 위해 짚으로 엮어서 만든 물건.

염생 식물

바닷가 주변이나 갯벌 주변처럼 소금기가 많은 땅에서 자라는 식물을 염생 식물이라고 해요. 갯벌에는 동물뿐만 아니라 식물도 함께 자라 생태계를 이루고 있어요. 이런 곳을 '염습지'라고 불러요.

퉁퉁마디
비엔나소시지를 이어 놓은 것처럼 생긴 염생 식물이에요. 가을이 되면 붉게 변하지요.

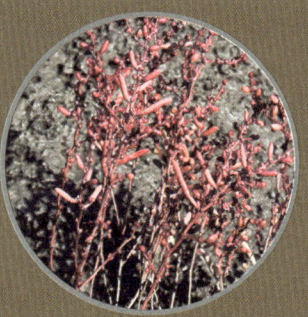

칠면초
계절에 따라 일곱 번 옷을 갈아입는다고 해서 칠면초라고 불러요.

나문재
어린잎을 삶아서 물기를 짜고 조물조물 무치면 맛있는 나물 반찬이 돼요.

해홍나물
잎은 칠면초보다 짧고 어린 시기부터 붉은색을 띠어요.

순비기나무
해안 언덕에 깊게 뿌리를 박고 자라는 덩굴 식물이에요. 바닷물에 해안가가 무너지는 걸 막아 줘요.

갈대
습지나 갯벌 주변 등 물이 있는 곳에서 자라요. 예부터 공예품이나 음식 등에 많이 쓰였어요.

2장

갯벌의 변화

새만금 갯벌

칠게가 위험해

칠게를 마음에 담게 된 건 25년 전에 본 한 장면 때문이었습니다. 갯벌을 관찰하고 조사하는 일로 새만금 갯벌을 자주 오고 갈 때였어요. 새만금은 이제 육지로 변해 바다와 갯벌 흔적을 찾기도 어렵지만 그때는 바다로 조금만 나가면 넓게 펼쳐진 갯벌을 만날 수 있었습니다. 어민들이 캔 백합을 가득 실은 경운기가 질주하고, 백합이나 물고기를 사려는 상인들로 붐비는 활기찬 곳이었습니다.

그날도 내가 갯벌로 다가가자 게들은 순식간에 구멍으로 몸을 숨겼습니다. 세계 최고의 달리기 선수라고 해도 손색이 없을 정도였어요. 나는 구멍과 거리를 두고 쪼그리고 앉았습니다. 그렇게 10분쯤 흘렀지요. 다리에 쥐가 날 무렵 바늘 정도로 가늘고 긴 막대가 구멍으로 올라왔습니다. 칠게의 눈자루였습니다. 물속에서 물 밖을 관찰하는 잠수함 잠망경처럼 밖을 관찰하려 한 것입니다. 그렇게 바깥을 살핀 후 조심스럽게 발과 몸을 드러냈습니다. 그리고 다시 먹이 활동을 하기 시작했어요.

칠게는 물이 빠진 펄 위에서 등딱지에 묻은 개흙*이 하얗게 마르는 줄도 모르고 열심히 먹이 활동을 했습니다. 수천 마리가 모여서 먹이 활동을 하다가 집게발을 번쩍 들기도 했어요. 마치 춤을 추는 듯 보였습니다.

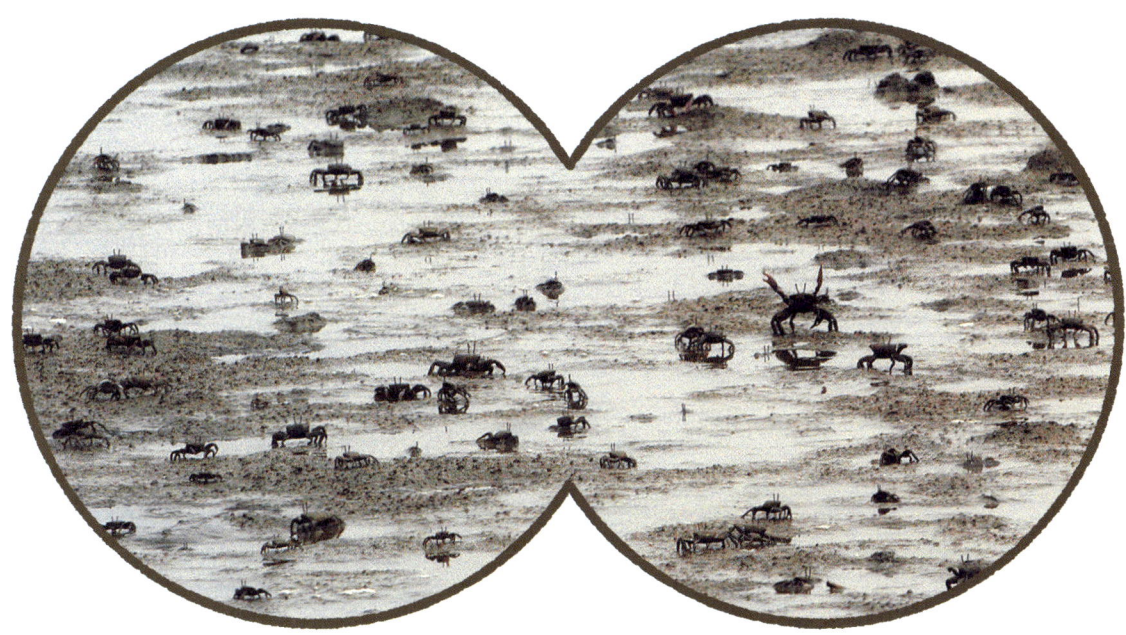

새만금은 금강, 만경강, 동진강이 바다와 만나 군산, 김제, 부안 연안에 만들어진 우리나라 최대 규모의 갯벌이었습니다. 백합이 자라기 좋은 모래 갯벌이 발달했기 때문에 많은 어민이 백합을 캐서 사계절을 먹고살았습니다. 칠게 역시 살기 좋은 곳이었죠. 그래서 오스트레일리아와 시베리아를 오가다 중간에 우리나라를 찾는 수많은 도요물떼새 등 철새들이 여기서 먹이 활동을 했습니다. 도요새 중 마도요나 알락꼬리마도요는 칠게를 아주 좋아하거든요.

---

*개흙

갯바닥이나 늪 바닥에 있는 매끈하고 고운 흙.

그 뒤로 3, 4년쯤 흘렀을까요. 칠게와 눈을 맞추었던 그 장소에서 처음 보는 물건을 발견했습니다. 마치 빗물받이처럼 생긴 긴 플라스틱 관이 갯벌에 묻혀 있었습니다. 길이는 5미터, 지름이 20센티미터 정도인 원통 플라스틱 관이었습니다. 누군가 이 긴 원통 한쪽을 잘라 물이 흐르도록 만들어 갯벌에 묻어 두었지요. 마치 도로의 하수로 같은 모양이었습니다.

칠게 잡는 플라스틱 관

그날은 그 용도를 정확하게 알지 못했습니다. 그런데 그 관은 그 뒤로 김제 심포 갯벌에서도, 부안 계화도 갯벌에서도 발견되었습니다. 그 정체를 정확하게 알게 된 것은 새만금 방조제에서 얼마 떨어져 있지 않은 계화도 갯벌에서 은식이를 만나면서입니다. 나와 동갑인 은식이는 새만금 갯벌을 오가면서 자주 만나 친구처럼 지낸 어민이었어요. 은식이가 말했습니다.

"박사님, 저 통은 어민들이 칠게를

잡으려고 묻어 놓은 거예요. 이제 도요새들의 먹이까지 사라질 지경이에요. 백합이 많이 나올 때는 칠게를 쳐다보지도 않았는데, 새만금 방조제가 생기고 나자 상황이 완전히 달라졌어요."

새만금 방조제가 생긴 이후로 새만금으로 들어오는 바닷물이 줄어들면서 갯벌도 줄었다는 말이었습니다. 그러니 백합을 잡으려면 1시간은 경운기를 타고 바닷물이 드나드는 물가까지 가야 했습니다. 근처에서 백합을 잡을 수 있었던 때와는 상황이 달라지자 어민들의 경쟁도 심해졌지요. 다투는 일까지 벌어지고요.

그러다 보니 칠게를 잡기 위해 플라스틱 관까지 설치하게 되었던 것입니다. 이 플라스틱 관은 놀이터에서 흔히 볼 수 있는 원통형 미끄럼틀처럼 생겼습니다. 플라스틱 안쪽 벽이 미끄러워 칠게의 힘으로는 올라올 수 없습니다. 바닷물이 들어와야 겨우 나올 수 있습니다. 칠게가 어쩔 수 없이 통을 따라 기어서 이동하다 보면, 양쪽 끝에 놓아둔 깊은 통에 빠지게 됩니다. 그곳은 바닷물이 들어와도 나올 수 없는 깊이지요. 어민들은 함정 같은 통에 빠진 칠게를 바가지로 퍼서 담았습니다.

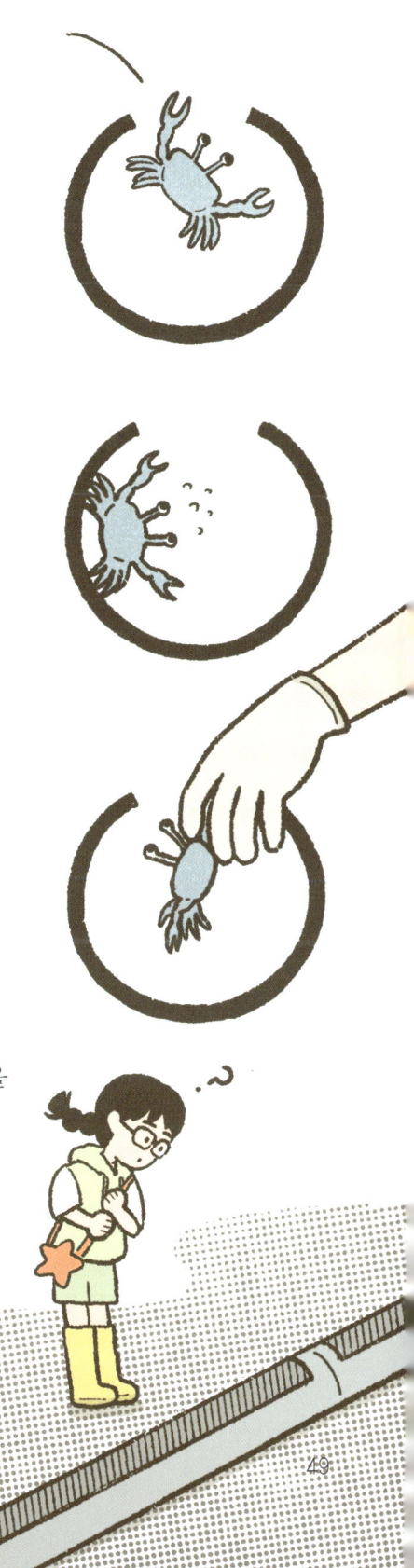

모두 정부에서 허가하지 않은 불법 어구들입니다. 새만금 갯벌에서 시작된 칠게잡이 불법 어구는 순식간에 서해안 갯벌 곳곳으로 확산되었습니다. 인천 갯벌부터 신안 갯벌까지 없는 곳이 없을 정도였어요.

　갯벌에 빼곡하게 묻힌 플라스틱 관은 부서지거나 더 이상 칠게를 잡을 수 없게 되면 그대로 버려집니다. 플라스틱은 자연에서 분해되는 데에 500년이 넘게 걸리는데, 그 사이 미세 플라스틱으로 변해 바다를 오염시켜요. 미세 플라스틱은 물고기가 먹고, 새들이 먹고, 인간들의 밥상에도 올라갈 겁니다.

　이런 위험을 잘 알게 된 바다 지킴이 활동가들이 직접 플라스틱 관을 파내기로 했습니다. 플라스틱 관이 가장 많이 묻혔던 인천 갯벌에서부터 시작했지요. 긴 장화 옷을 입고, 갯벌로 들어가 삽으로 플라스틱 관을 파내는 일은 무척 고됩니다. 갯벌에서는 걷는 것도 쉽지 않으니까요. 기다란 플라스틱

관을 꺼내고 나면 펄을 씻어서 분리수거도 해야 합니다. 그래서 많은 사람의 힘이 필요합니다. 질퍽한 갯벌에서는 중장비를 이용해 파기도 어렵습니다. 그러니 불법 어구는 설치하기 전에 막아야 합니다.

하지만 지금도 플라스틱 관을 이용해 불법으로 칠게를 잡는 사람들이 있습니다. 물론 20년 전에 설치한 것이 아니라 새로 설치한 불법 어구들입니다. 이 플라스틱 관을 인간이 거두지 않으면 바다 생물들은 어찌할 방법이 없습니다. 서식지를 옮길 수밖에 없지요. 그 피해는 생태계 전체가 떠안습니다. 칠게를 먹는 도요새도, 갯벌에서 생계를 꾸리는 어민도 살기 어려워지기 때문입니다.

영종도 갯벌

인천 국제공항이 갯벌이었을 때

별아와 차를 타고 인천 국제공항으로 가던 길이었습니다. 공항으로 가는 다리에 들어서자 양쪽으로 갯벌이 넓게 펼쳐졌지요. 별아가 깜짝 놀라 물었습니다.

"와, 여기 갯벌이 정말 넓어요!"

"원래는 더 넓었지. 저기 보이는 인천 국제공항 자리도 모두 갯벌이었어."
"네? 푹푹 빠지는 갯벌에 어떻게 저런 큰 건물을 지을 수 있어요?"
"참 대단하지. 게다가 공항 시설은 세계에서 손꼽혀. 그래서 우리나라 기술자들이 여러 나라에 가서 일을 한다는구나."

세계에서 인천 국제공항을 보며 엄지를 내밀 만한 이유가 있습니다. 인천 국제공항은 무려 4개의 섬을 연결해 만들었기 때문입니다. 1990년대에 영종도, 용유도, 삼목도, 신불도라고 불리던 섬들 사이를 흙과 모래로 메워 땅을 다지고 그 위에 공항을 세웠지요.

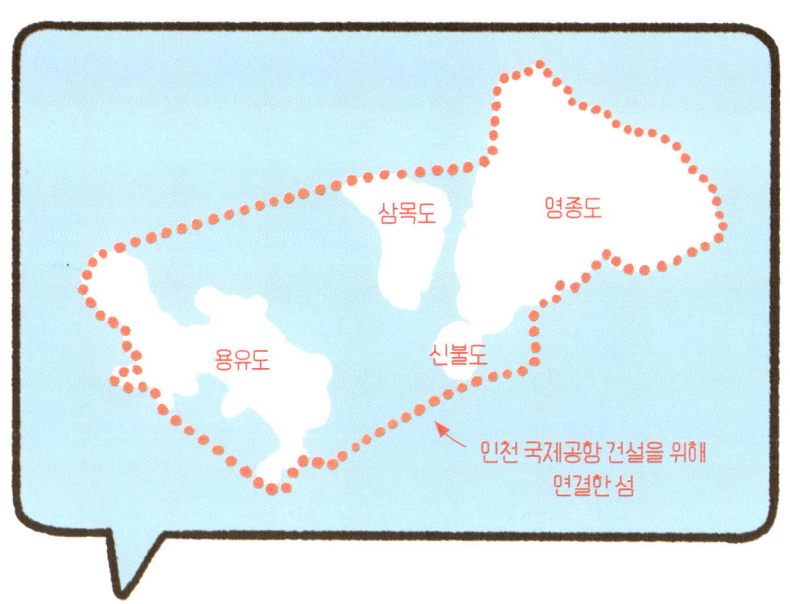

건축 기술로 보면 그건 정말 대단합니다. 그 너른 갯벌이 육지로 바뀌어 비행기 활주로와 수출입품을 보관하는 대형 물류 센터가 들어섰으니 말이에요.

하지만 한강과 서해가 만나 이루고 있던 하구 갯벌은 무참히 훼손됐습니다. 근처에 영종 하늘 도시와 같은 커다란 신도시가 만들어지면서는 갯마을이 사라졌습니다.

공항이 들어서기 전까지 이곳에서는 바지락, 맛조개, 갯지렁이, 칠게, 망둑어, 낙지, 숭어 등 수많은 생물이 서식했습니다. 이를 먹잇감으로 삼는 새들에게 아주 좋은 보금자리였고요. 갈매기와 뒷부리도요, 알락꼬리마도요, 검은머리물떼새, 저어새, 민물도요와 왜가리 등 다 말하기 어려울 정도로 많은 새가 갯벌 생물들과 숨바꼭질하며 뜨고 날던 곳입니다.

이곳에 새들이 가득하던 시절에는 새들의 비행 퍼레이드가 펼쳐졌습니다. 갯벌에서 먹이 활동을 하던 새들은 바닷물이 들면 한꺼번에 날아올라 하늘을 덮었습니다. 마치 검은 구름이 바다에서 날아오른 것 같았지요. 그리고 순식간에 방향을 바꾸기도 했습니다.

'헤엄치는 고래 같기도 하고 커다란 곰의 몸집 같기도 해. 새들끼리 무슨 신호를 주고받는 걸까?'

나는 그때 새들의 모습에 완전히 압도되었습니다. 이 새들의 비행 모습은 평생 잊을 수 없는 장면이에요. 겨울철에 오리나 기러기들이 바람을 피하고 멀리 날아가기 위해 시옷 자(ㅅ)를 그리며 비행하는 모습을 보면서는 새들의 지혜에 새삼 감탄했지요.

공항 건설로 갯벌이 사라지면서 당황했을 수많은 동물 중에 특히 이곳에서 겨울을 나는 철새들이 무척 힘들었을 겁니다. 갯벌이 줄어드니 그곳에 사는 규조류가 사라지고, 규조류를 먹고 사는 갯지렁이, 칠게 등이 절반 이하로 줄어들면서 수천 킬로미터를 여행하는 도요새도 크게 줄어들었지요. 나는 인간의 여행이 도요새나 칠게 같은 다른 생물의 여행과 휴식을 방해할 수 있다는 생각에 마음이 갑갑해지곤 했습니다.

그러던 2023년 어느 날, 영종 하늘 도시의 씨사이드파크 공원에서 놀라운 발견을 했습니다. 이 공원은 염전의 예전 모습을 작은 규모로 복원해서 소금을 만드는 체험장으로 꾸며 두었는데, 여기서 아주 반가운 손님을 마주하게 된 것입니다.

"아니, 저어새랑 알락꼬리마도요잖아? 이제 이곳에선 못 볼 줄 알았는데……."

분명 저어새와 알락꼬리마도요였습니다. 새 수백 마리가 그 작은 염전에서 쉬고 있었어요. 영종도 주변에 남아 있는 갯벌을 다시 살펴봐야겠다는 생각이 들었습니다. 예전만큼은 아니라도 일부 철새들이 이곳을 찾기 시작했으니 말입니다.

저어새는 주걱처럼 생긴 부리를 물속에 집어넣고 좌우로 고개를 흔들어 물고기를 찾습니다. 그래서 저어새라고 합니다. 국제 보호종으로, 우리나라에서는 영종도 근처 무인도에서 볼 수 있습니다.

저어새

알락꼬리마도요

검은머리물떼새

민물도요

알락꼬리마도요나 검은머리물떼새도 국제적으로 보호하는 조류입니다. 알락꼬리마도요는 갯벌에서 칠게를 찾고, 검은머리물떼새는 조개나 굴을 좋아합니다. 군무를 선보이며 은빛 날개를 휘날리는 민물도요는 갯지렁이를 좋아합니다.

오이도 갯벌

갯벌에서 바지락을 캘 때 흙을 긁지 마세요

어느 뜨거운 여름날이었습니다. 나는 경기도 시흥에 있는 오이도 갯벌로 향하고 있었습니다. 갯벌을 지켜야겠다고 나선 오이도 주민을 만나러 가던 길이었지요.

그때 오이도의 모습은 이전과 많이 달라져 있었습니다. 커다란 시화 방조제가 거의 완공되어 가면서 방조제 안쪽에 바닷물이 잘 흘러들지 않았기 때문입니다. 바닷물을 기다리던 조개들이 갯벌 위로 올라와 입을 벌리고 하얗게 죽어 있었지요. 마치 눈이 내린 것처럼 쌓여 있었습니다.

그날 만나기로 한 오이도 주민이 나를 반겨 주었습니다. 나는 달라진 오이도의 풍경을 둘러보며 질문을 던졌어요.

"바닷가에 조개 구이 식당들이 많이 들어섰네요?"

"네, 정작 여기 갯벌에선 조개를 찾기 어려워졌는데, 우습게도 조개 구이 식당이 늘었어요."

"그럼 조개를 캐서 살던 어민 분들은 어떻게……."

"평생 조개 캐고 낙지 잡으며 살았는데, 이제 어떻게 살아야 할지 모르겠더라고요. 그래도 여전히 쳐다볼 곳이 갯벌밖에 없더군요. 한 가닥 희망이라도 붙잡고 싶어서 방법을 찾고 있어요."

"어떤 방법요?"

"도시 사람들이 찾아와서 갯벌을 마구 헤집고 밟고 갯벌 생물들을 잡아가는 게 너무 안타까웠어요. 갯벌을 잘 모르는 사람들에게 갯벌에 대해 제대로 알리는 일이라도 해 보려고요. 그래서 이곳에 오는 부모님과 아이들에게 갯벌 생태 교육을 시작했어요. 마침 오늘 교육이 있는 날인데, 함께 가시겠어요?"

나는 오이도 주민의 제안을 거절할 이유가 없었습니다. 그렇게 10여 명의 아이들 무리를 뒤따라 방조제 밖 갯벌로 향했습니다. 근처 갯벌은 발자국으로 꽉 차 조금의 빈틈도 보이지 않았습니다. 그 어떤 갯벌 생물도 찾아 볼 수 없을 것 같았지요. 도시 사람들이 갯벌을 헤집는 게 안타까웠다는 주민의 말이 무슨 뜻인지 바로 이해가 되었습니다.

 이런 갯벌에서 무슨 생태 교육을 하려나 했는데, 선생님은 아이들을 데리고 방조제 밖으로 한참을 걸어갔습니다. 서서히 발자국으로 뒤덮이지 않은 갯벌이 나타났습니다. 아직 살아 있는 갯벌이 남아 있었던 거예요. 사람들이 들어오지 못하게 막아 둔 곳이었지요.

 우리 모두는 선생님 말에 따라 맨발로 몽실몽실한 갯벌을 걸었습니다. 발자국에 짓눌린 갯벌과 달리 이곳 갯벌은 숨을 쉬는 게 느껴졌어요. 선생님은 갯벌에서 갯지렁이, 바지락, 게 등을 집어 올리며 열정적으로 갯벌 생물들에 대해 설명했습니다. 바닷물이 자연스럽게 들어오고 나가야 갯벌 생물들이 숨 쉴 수 있다는 걸 아이들에게 알려 줬습니다.

 "여러분들이 즐겨 먹는 칼국수에 들어가는 바지락이 바로 여기 갯벌에서 나는 거예요. 지금부터 다 같이 바지락을 한번 찾아 볼까요? 그런데 주의할 게 있어요. 물이 빠진 갯벌에서 조개를 캘 때는 펄 흙을 긁으면 안 돼요. 여기 구멍 보이죠?"

 선생님이 가리킨 곳에는 정말 뽕뽕 구멍이 나 있었습니다. 그 부분을

호미로 움푹 파내자 바지락이 펄 흙과 함께 올라왔습니다.

"이렇게 바지락만 꺼내야 해요. 펄 흙을 긁으면 어린 조개들이 햇볕에 화상을 입어 죽거든요."

펄 흙을 긁으면 안 된다니, 수많은 갯벌 교육을 다녔던 나도 처음 듣는 이야기였습니다. 갯벌과 오랫동안 함께 살아온 어민들만이 알 수 있는 지혜였어요.

보통 바지락은 여름철에 산란을 합니다. 다 자란 바지락은 갯벌에 구멍을 뚫고 갯벌 속으로 들어가지만 어린 조개는 아직 그럴 힘이 없습니다. 그래서 무더운 여름에 바닷물이 빠진 갯벌에서 조개를 캘 때는 주의해야 한다는 것이었습니다.

선생님의 설명을 듣고 난 어린이들의 발걸음이 조심스러워졌습니다. 혹시나 발밑에 어린 바지락이 있지 않을까 걱정하는 듯 보였습니다.

그 이후로 갯벌을 지켜 온 오이도 사람들은 어떻게 되었을까요? 또 주민들이 지키려고 애썼던 갯벌은 어떻게 되었을까요?

시화 방조제는 1994년에 완공되었습니다. 방조제는 바닷가에 쌓은 둑입니다. 바닷물이 들어오지 못하게 세운 커다란 벽인 셈이지요. 이 방조제 안쪽 갯벌 일부를 오이도의 산에서 가져온 돌과 흙으로 메워서 새로운 땅을 만들었습니다. 여기에 공장 등을 세우려고 한 것입니다. 이렇게 오이도 앞 갯벌이 완전히 사라지게 되었습니다.

그전까지 오이도 어민들은 평생 조개 캐고 낙지 잡으며 바다를 텃밭 삼아 살았습니다. 그들에게 갯벌은 온 가족을 먹이고 입힌 밭과 같았습니다. 갯벌을 '갯밭'이라고 부르기도 하는 건 그래서지요. 갯벌이 사라지면서 평생 가꾸고 일구었던 평생의 밭이 사라져 버린 겁니다.

그런데 수많은 우여곡절 끝에 갯벌이 다시 살아나게 되었습니다. 2011년에 시화 방조제에 조력 발전소가 세워지면서 방조제 안팎으로 바닷물이 드나들 수 있게 된 겁니다.

신기하게도 생물들이 다시 이곳으로 찾아들기 시작했습니다. 펄 흙을 긁으면 어린 조개가 죽는다는 걸 알았던 지혜로운 어민들이 다 돌아오지 못했지만, 옛날처럼 조개가 많이 나오진 않지만, 조개도 살고 갯지렁이도 살게 되었으니 자연의 힘이 새삼 대단하다는 생각이 듭니다.

시화 방조제 조력 발전소

지식 더하기

그 많던 갯지렁이는 어디로 갔을까?

갯지렁이는 한때 어민들의 생계에 꼭 필요한 생물이었습니다. 1970년대엔 갯지렁이가 수출품으로 인기가 많았거든요. 낚시를 좋아하는 사람이 많은 일본에서 우리나라 갯지렁이를 특히 좋아했습니다. 살아 있는 갯지렁이를 수출할 수 있는 포장 기술이 발달하면서 수출은 크게 늘었습니다.

갯지렁이는 강과 바다가 만나는 하구 갯벌에 많이 삽니다. 우리나라 서해 갯벌은 대부분 하구 갯벌이기 때문에 갯지렁이가 살기에 안성맞춤이었지요. 이렇게 인기가 많아지자 국가에서 전국 연안에 갯지렁이가 얼마나 살고 있는지 조사하기도 했습니다.

1970년대에 어민들 사이에서는 갯지렁이를 잡아 부자가 되었다는 어촌 마을 이야기가 돌기도 했지요. 바지락과 함께 갯지렁이가 어촌의 큰 소득원이 된 것입니다.

하지만 1980년대로 넘어오면서 우리나라에서 생산하는 갯지렁이가 일본에서 원하는 만큼을 충족하지 못하자 그 틈을 중국산이 차지하게 됩니다. 우리나라 갯지렁이 수출은 서서히 감소하기 시작했어요.

더욱이 1990년대로 들어서면서 우리나라는 갯벌을 매립해 공업 단지로 조성합니다. 산업 폐수가 늘자 갯벌이 오염되고 갯지렁이가 크게 줄어들지요. 특히 갯지렁이를 많이 채취하던 인천광역시 송도가 아파트 단지로 개발되고, 전라남도 영암의 영산강 하구가 산업 단지로 개발되자 갯벌이 사라지고 갯지렁이도 모습을 감추었습니다.

일본에서도 우리나라와 비슷한 과정을 겪었습니다. 중화학 공업 발전을 위해 해안을 매립해 공장을 짓고 항만 시설을 만들자 갯벌이 사라지고 오염되면서 많은 갯지렁이 서식지가 사라졌기 때문입니다. 이제는 우리나라가 바다낚시 미끼용 갯지렁이를 수입하고 있으니 참 씁쓸합니다.

3장

갯벌과 사람들

오이도 갯벌

새 부리와 똑 닮은 갯벌 도구들

어느 봄, 오이도 갯벌에 갔을 때의 일입니다. 갯벌에서 조개를 캐는 여러 주민들 사이에서 유난히 눈에 띄는 한 할머니가 있었습니다. 다른 분들은 앉아서 호미질을 하는데 그 할머니는 엉거주춤한 자세로 조개를 캐고 있었거든요. 정확하게 표현하자면 한쪽 발은 거의 구부리지 않고 다른 한쪽 발만 반쯤 구부려 조개를 캤습니다. 나는 옆에서 그물을 깁던 주민에게 물었습니다.

"저 할머니는 몸이 불편하신 것 같은데요?"

"네, 다쳐서 한쪽 다리를 구부리지 못하세요. 그래도 저분들 중에 가장 많이 캐서 나오실 겁니다. 밖에서는 잘 걷지 못해도 조개 캘 때는 날아다니셔요."

"다리가 불편하신데 어떻게……."

"지켜보시죠. 조금 있으면 알게 되실 겁니다."

그러고 그 주민은 자신만만한 미소를 지어 보였습니다. 나는 무척 의아해서 고개를 갸우뚱하면서도 그 주민의 말을 따라 자세하게 살펴보았습니다.

할머니가 조개를 캐는 방법은 매우 독특했습니다. 다른 사람들은 앉아서 평범한 호미로 갯벌을 여기저기 파서 조개를 캐는데, 할머니는 목이 길고 날이 좁고 긴 호미로 갯벌을 콕콕 찍다가 갑자기 펄 흙을 푹 파서 조개를 캐냈어요. 그런데 10번 정도 갯벌을 파내면 6번이나 7번은 조개를 캤습니다. 그러니까 조개를 캘 확률이 매우 높은 셈입니다.

나는 할머니가 조개를 캐는 모습을 신기해하며 한참 바라보고 있었습니다. 그렇게 서너 시간이나 흘렀을까요. 조개를 캐던 할머니가 드디어 갯벌 밖으로 올라왔습니다.

곧장 할머니에게 다가간 내가 궁금했던 질문들을 늘어놓았습니다.

"할머니, 조개 잡으실 때 왜 갯벌을 콕콕 찍으세요?"

"으응, 갯벌을 건드리면 갯벌 속에 조개들이 깜짝 놀라서 펄 흙 구멍 밖으로 물을 보내거든? 자기가 여기 있다고 반응을 보이는 거지."

"그럼 조개가 반응을 보인 구멍에만 호미질을 하는 거네요?"

"그려 그려."

"그런데 할머니 호미는 왜 다른 호미와 달라요?"

"이렇게 목이 길어야 펄 흙을 잘 찍으니까. 길고 초승달처럼 구부러져야 조개를 잘 캘 수 있고."

문득 도요새가 떠올랐습니다. 도요새도 갯벌을 콕콕 찍고 다니다가 갑자기 갯벌에 묻힐 만큼 머리를 푹 집어넣어 갯지렁이나 게를 잡지요.

새의 부리와 갯벌의 호미

새의 부리는 종마다 다 다르게 생겼지요. 먹이의 종류와 먹이 활동을 하는 방법에 따라 다릅니다. 부리가 튼튼한 검은머리물떼새는 조개껍데기를 찍어서 속살만 캐 먹습니다. 도요새의 부리는 게가 사는 구멍의 모양과 비슷하게 휘었습니다. 백로나 왜가리는 부리가 뾰족해 물고기를 잡기 좋습니다.

할머니의 호미를 자세히 살펴보니 도요새의 한 종류인 알락꼬리마도요의 부리와 닮아 있었습니다. 알락꼬리마도요의 부리도 길고 안쪽으로 구부러졌거든요. 갯벌에서 쓰는 호미들은 갯벌에 사는 새들의 부리와 참 많이 닮아 있습니다. 오랜 시간에 걸쳐 갯벌의 환경에 맞는 호미로 개발한 것이지요.

새들의 부리도 오랜 시간을 거치면서 먹이를 더 잘 잡을 수 있게 진화했습니다. 인간은 갯벌에서 식량을 구하면서 새들이 조개를 찾아 잡아먹는 장면을 관찰해 보고 따라 해 보았을 겁니다. 그러다 자연스레 부리와 비슷한 모양의 도구가 효과적이라는 걸 깨달았을 테지요. 자연의 생명력과 조상들의 지혜가 만나 탄생한 도구들은 볼 때마다 참 놀랍습니다.

가무락(모시조개) 호미
알락꼬리마도요의 날렵하고 긴 부리를 닮았어요.

낙지 호미
갯벌 구멍으로 쏘옥 들어간 낙지를 건져 올리기 좋아요.

바지락 호미
바지락은 밭에서 쓰는 호미처럼 넓적한 호미로 캐요.

갯지렁이 호미
마도요의 부리를 닮아 갯지렁이를 캐기 좋아요.

개조개 호미
검은머리물떼새의 단단한 부리를 닮았어요.

제주 호미(까꾸리)
돌을 들추거나 돌 틈에 있는 문어, 소라, 성게 등을 끄집어낼 때 써요.

| 고흥 갯벌 |

바지락이 비를 기다린다니

몇 년 전 봄, 고흥 남성리에 있는 갯벌을 답사했습니다. 고흥에는 작은 섬이 많습니다. 한때는 100여 명이 넘게 살았던 섬들로 초등학교도 있었다는데, 이제는 사람들이 다 떠나고 나이 지긋한 어르신 홀로 사는 집이 많습니다. 어르신들은 갯벌의 조개밭에서 봄, 여름, 가을 동안 바지락을 캐서 생활비를 마련한다고 했지요.

나는 남성리 마을 앞 당산나무 밑에 앉아 바닷물이 빠지기를 기다리고 있었습니다. 그날은 봄 중에 바닷물이 가장 많이 빠지는 날이었습니다. 바지락 캐기 좋아서 마을 주민들 모두가 마을 공동 조개밭에 나오겠다 생각하던 차였습니다. 한 어르신이 다가와 말을 걸었습니다.

"비가 안 와서 큰일입니다."

마을 어르신 말처럼 이때는 가뭄이 아주 심했습니다. 나는 어르신 걱정에 보조를 맞춰 짧게 대답했습니다.

"그러게 말입니다."

그 어르신은 한숨을 푹 쉬더니 하소연하듯 내게 말을 늘어놓았습니다.

"사람들은 물을 찾아서 먹기라도 하고, 밭에는 힘들어도 물을 퍼다 주면 되는데 조개밭에는 방법이 없어요. 논밭이 흉년이면 바다도 흉년이에요."

어르신은 말끝을 흐렸습니다. 마을로 오면서 상추, 깨, 콩을 심은 밭이 바짝 마른 것을 본 터라 어르신의 걱정에 고개를 끄덕이게 되었어요. 그런데 갯벌에서 자라는 바지락도 걱정이라는 말이 이해가 가지 않았습니다. 바지락은 바닷물을 먹고 자라는데 비와 무슨 상관이 있다는 말인지 알 수 없었지요.

"비가 오지 않으면 바다 농사도 흉년이라고요?"

"그럼요. 바지락도 비가 와야 잘 커요. 조개도 비를 기다리거든요."

30여 년 섬과 갯벌을 다니면서 주민들을 만났지만 처음 듣는 이야기였습니다. 조개가 비를 기다린다니요. 내 눈이 번쩍 뜨였습니다.

곰곰 생각해 보니 정말 어르신의 말이 맞았습니다. 조개가 먹는 플랑크톤이나 영양 염류는 비가 오지 않으면 늘어날 수 없습니다. 육지에서 내려오는 민물을 타고 바다로 흘러들기 때문입니다.

그러니 가뭄이 들어 육지에서 내려오는 민물까지 줄어들면 당연히 플랑크톤이나 영양 염류도 줄겠지요. 바다가 막히지 않고 민물이 잘 흘러들 때 조개도 잘 자라는 것입니다. 조개뿐만 아니라 갯벌에 사는 게, 갯지렁이도 마찬가지입니다.

그래서 육지에서 내려오는 민물 가운데 가장 큰 물줄기인 강물의 역할이 무척 중요합니다. 강물이 바다로 내려오고, 밀물 때 바닷물이 강으로 올라가면서 강물과 바닷물이 만나 만들어지는 하구 갯벌은 갯벌 중에서 생물이 가장 다양하게 서식하는 갯벌입니다. 바닷물과 강물이 잘 소통하기 때문입니다. 서해 갯벌에 생물 다양성이 높다는 연구 결과가 이를 증명하고 있습니다.

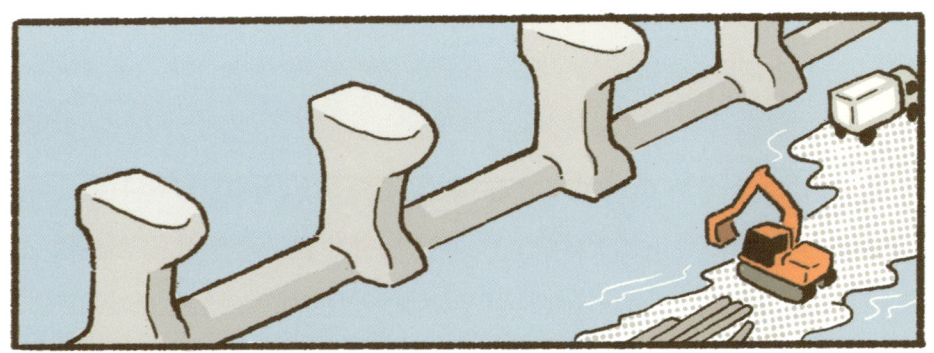

우리나라 4대 강인 한강, 낙동강, 금강, 영산강 중에서 바닷물과 강물이 소통할 수 있는 곳은 한강뿐입니다. 하지만 한강은 우리나라 인구의 절반이 사는 수도권에서 배출하는 오염 물질에 자유로울 수 없고, 나머지 강들은 보를 쌓아 물길을 막았어요. 그래서 조개나 게의 먹이인 유기물이 공급되지 않고, 갯벌 생물들이 서식할 수 있는 건강한 갯벌이 사라지고 있습니다. 강에 쌓은 보의 수문을 열어야 한다고 목소리를 높이는 이유입니다.

　하지만 여수나 고흥의 작은 섬처럼 바다 한가운데 떠 있는 섬에서 강물 역할을 하는 것은 지하수와 빗물뿐입니다. 비가 오지 않으면 섬 주변의 갯벌을 건강하게 유지할 수 없고, 조개 먹이인 유기물도 공급되지 않으니 논밭이 흉년이면 바다 밭도 흉년이라고 했던 것이지요. 작은 섬에서 만난 어르신의 이야기가 과학적으로도 맞는 셈입니다.

| 제주 오조리 갯벌 |

제주도에도 갯벌이 있다

"제주도는 화산암 지형이 대부분이지 않아요? 주상 절리나 모래 해변은 많이 봤는데 갯벌이 있는지는 몰랐어요."

제주 성산 일출봉 근처에 갯벌이 있다는 이야기를 건네면 열 사람 중에 아홉 사람은 모두 깜짝 놀랍니다. 성산 일출봉은 유명한 관광지라 가 본 사람이 많은데 갯벌까지는 보지 못한 것입니다. 제주의 갯벌은 성산 일출봉 맞은편에 위치한 오조리 마을에 있습니다.

신안이나 무안, 고흥 등에서 넓게 펼쳐진 갯벌을 보다가 제주 오조리 갯벌을 마주하면 참 아담하다는 생각이 들기도 합니다. 하지만 오조리 갯벌이 갖는 가치는 결코 적지 않아요. 전라남도에 있는 여자만 못지않게 갯벌의 생태가 잘 갖추어져 있기 때문입니다. 그래서 2023년에 오조리 갯벌이 연안 습지 보호 지역으로 지정되기도 했습니다. '왜 갯벌이 연안 습지 보호 지역일까?' 할 수도 있겠네요. 그건 갯벌이 연안 습지에 포함되기 때문입니다.

2024년 봄, 연안 습지 보호 지역이 된 제주 오조리 마을을 찾았습니다. 연안 습지를 찾아온 물새들을 관찰하기 위해서였습니다. 이날 마을 회관에서 오조리 마을 이장 어르신을 만날 수 있었습니다.

"오조리 마을도 옛날에는 갯벌을 막아서 논만 만들기 바빴는데, 여기가 제주에서 특별한 갯벌 지역이라는 걸 알고는 연안 습지 보호 지역으로 지정하는 데 주민들이 앞장섰어요."

"정말 뿌듯하셨겠어요."

어르신의 얼굴에서 자부심이 느껴졌습니다.

"그럼요, 제주에서 처음이잖아요. 요즘엔 갯벌 체험하거나 조류 관찰하려고 사람들이 제법 옵니다."

어르신은 계속 마을 자랑을 이어 갔습니다.

오조리 마을은 독특하게 형성된 지형의 갯벌입니다. 동쪽에 있는 성산 일출봉은 한때 화산섬이었습니다. 그때 흘렀던 용암이 나중에 굳어서 부서졌지요. 그렇게 생긴 흙과 모래가 바람과 파도를 타고 해변에 쌓였어요. 이 흙과 모래는 육지와 성산 사이에 있는 터진목이라는 지역으로 밀려왔습니다. 이제 섬은 육지가 되었고, 바다가 육지 속으로 파고든 '만'이 만들어졌습니다. 오조리 갯벌은 이렇게 지형이 바뀌면서 형성된 것입니다.

이장 어르신의 마을 소개를 듣고 조류 전문가의 안내를 받으며 물새들을 관찰할 지역으로 이동했습니다. 망원경으로 갯벌을 쭉 둘러보는데 저쪽에 날카로운 부리를 가진 새가 눈에 띄었어요. 날아오르려 쫙 펼친 날개가 어찌나 큰지 깜짝 놀랐지요. 제왕 같은 기품을 자랑하는 물수리였습니다. 물수리는 물속에 있는 큰 숭어도 덥석 낚아챌 정도로 재빠르고 강합니다. 다시 눈을 돌리니 얕은 바닷가에서 저어새가 부리를 휘저으며 먹이를 찾고 있었습니다.

이날 관찰한 새는 모두 30여 종입니다. 물수리, 저어새, 청다리도요 등 모두 국제 사회에서 보호종으로 지정한 물새입니다. 오조리 갯벌에 서식하는 물수리나 노랑부리저어새 등은 멸종 위기종이기도 해요. 황근이라는 식물도 20여 그루 자라고 있는데, 이 역시 희귀 식물입니다.

오조리 갯벌에도 당연히 조개가 있습니다.
살조개와 바지락이 넉넉하지요. 여름부터 초가을까지
오조리 마을에 가면 갯벌 체험도 할 수 있습니다.

지금이야 '생태 관광'이라는 말이 흔하지만, 2005년쯤만 해도 낯설었습니다. 당시 30대 제주 출신 청년들이 제주도가 무분별하게 개발되는 것을 안타까워하며 '생태 관광'이라는 이름으로 제주 관광의 유행을 바꾸겠다고 나선 일이 있었습니다.

이때 나도 처음으로 독특한 제주도 어민들의 문화를 배웠습니다. 돌 염전에서 소금을 만들고 용천수에서 식수를 얻는 걸 보면서, 또 바닷가 돌 틈에서 물고기를 잡는 고망 낚시를 체험하면서 섬사람들의 지혜를 느낄 수 있었지요. 그 뒤로 제주도에 갈 기회가 생기면 해안 마을을 찾아다니며 답사를 하고 있습니다.

답사하면서 새삼 느끼는 건, 갯벌을 포함한 연안 습지는 육지에서 인간들이 어떤 활동을 하느냐에 큰 영향을 받는다는 것입니다. 비닐하우스가 많아지고 농약을 치는 사람들이 많아질수록 작은 게와 소라, 문어, 해조류는 점점 사라져요. 그러니 제주의 숲, 돌, 바다, 제주 사람들의 삶까지 함께 지킬 수 있는 방법을 더 많이 고민해야 합니다.

지식 더하기

제주에서는 연안 습지를 뭐라고 부를까?

제주에서 연안 습지를 부르는 이름은 다양합니다. 암반은 빌레, 자갈은 머흘, 모래는 모살이라 부릅니다. 밭은 왓이라 합니다. 어민들이 먹을거리를 얻는 갯벌을 왓이라고 부르기도 해요. 그러니까 모래 갯벌은 모살왓이 되고, 자갈밭은 머흘왓, 펄과 모래가 섞인 갯벌은 펄모살왓이라고 부르는 거죠.

모살왓으로 유명한 곳은 제주도 서쪽에 있는 금능 해변입니다. 이곳에서는 모살왓에 돌담을 쌓아 멸치를 가두어 잡는 모살원이 유명합니다.

잔돌이 섞인 모살왓에는 바지락이나 비단조개 등이 서식하기도 합니다. 이곳에서 사용하는 호미는 육지 호미와 달리 해녀들이 사용하는 것처럼 폭이 좁고 깁니다. 이러한 호미는 돌 틈에서 조개를 꺼내기 좋은 모양새지요.

모살(모래)

빌레(암반)

머흘(자갈)

보성·순천 갯벌

아무나 흉내 낼 수 없는 뻘배 타기

　10여 년 전 어느 날 새벽, 나는 전라남도 보성에 있는 벌교에서 수미호에 올랐습니다. 수미호는 벌교와 장도를 오가는 배 이름이에요. 수미호는 구불구불 갈대숲을 지나고 저만치 보이는 벌교 갯벌을 지나 장도와 해도와 지주도 사이 바다에 도착했습니다.
　이곳은 장도 마을 주민들의 꼬막 밭이 있는 곳입니다. 선장이 닻을 놓아 배가 움직이지 않도록 고정시킨 뒤 우리는 배 안에서 이른 아침을 먹었습니다.
　"장도가 꼬막으로 유명하지요?"

아침을 먹으며 수미호 선장과 잠시 이야기를 나눴습니다.

"그럼요, 꼬막 하면 벌교 꼬막을 최고로 치잖아요. 벌교 꼬막 대부분이 장도에서 나요."

그 사이 바닷물이 빠지기 시작하면서 갯벌이 드러났습니다. 바다였던 곳이 순식간에 갯벌로 변했지요. 육지처럼 땅이 드러난 것입니다. 해가 뜨자 하늘이 붉게 물들었습니다. 붉은 하늘은 바닷물이 빠지면서 갯벌에 남은 작은 웅덩이로 내려앉았습니다. 갯벌에는 여러 갈래의 길들이 모습을 드러냈어요. 마치 스키장의 눈 위에 스노보드가 지나간 자리 같았습니다. 어민들이 뻘배를 타고 오가는 길이었어요. 갯벌에도 길이 있었던 것입니다.

그때 저 멀리 장도 쪽에서 작은 점들이 하나둘 움직이기 시작했습니다. 그 점들이 점점 가까이 다가오자 정체를 알아챌 수 있었지요. 뻘배를 타고 갯벌에 난 길을 따라 수미호 쪽으로 다가오는 사람들이었습니다. 어림잡아 40여 명의 주민들이 너른 갯벌을 씽씽 가로지르고 있었습니다. 무려 2킬로미터가 넘는 거리를 말입니다.

내가 놀란 눈으로 이들을 바라보고 있는데 선실에서 아침을 먹고 밖으로 나오던 어촌 계장 박 씨가 말했습니다.

"장도에는 집집마다 자가용이 두세 대씩 있어요. 휴대폰은 없이 살아도 자가용 없이는 살 수 없어요."

"네?"

무슨 말인지 몰라 되묻는 나를 보고 어촌 계장은 수미호를 향해 오는 주민들을 가리키고 웃으며 말했습니다.

"저 뻘배가 장도에서는 자가용이에요."

뻘배는 '널배'라고도 부릅니다. 걸어 다닐 수 없을 정도로 푹푹 빠지는 갯벌에 들어갈 때 쓰는 배지요. 뻘배에 한쪽 발을 올리고 다른 한쪽 발로 갯벌을 밀면 앞으로 쭉쭉 나갑니다. 어민들의 발이 곧 엔진인 셈입니다.

뻘배는 망둑어나 숭어를 잡기 위해 쳐 놓은 그물을 털러 갈 때도, 무거운 짐을 갯벌로 가지고 갈 때나 뭍으로 나올 때도 이용합니다. 뻘배에 도구를 붙여 갯벌을 긁어 꼬막을 채취하기도 합니다. 그렇게 뻘배는 자가용이 되고, 화물차가 되고, 농기계처럼 작업차가 되기도 해요. 이 지역에는 음식은 못해도 되지만 뻘배를 못 타면 사람 구실 못 한다는 말이 있기까지 합니다. 그런 뻘배를 모두 주민들이 직접 만들어 사용하지요.

눈으로 볼 때 뻘배 타기는 스노보드를 타는 것처럼 어렵지 않아 보였습니다. 과연 그럴까요? 나도 한번 뻘배를 타 보았습니다. 그런데 빙빙 제자리를 돌 뿐 앞으로 나가지 않았습니다. 겨우 앞으로 나가는가 싶었는데 20미터쯤 가고 나니 되돌아올 수가 없었어요. 뻘배로 유턴하는 것이 쉽지 않았습니다.

"뻘배는 힘으로 타는 것이 아녀. 갓 시집온 젊은 새댁들이 아무리 기운이 좋아도 나이 많은 시어머니보담도 뻘배를 못 타. 뻘배는 세월로 타는 거여."
어쩔 줄 모르는 나를 보고 한 어민이 말했습니다.

수십 대의 뻘배가 수미호 근처에 멈추어 자리를 잡기 시작했습니다. 욕심 같아서는 나도 뻘배를 타고 꼬막을 캐고 싶었지만 오히려 어민들의 일을 방해할 것 같았어요. 대신에 작업선(바지선) 위에서 어민들이 잡아 온 꼬막을 씻었지요. 알이 없고 펄만 들어 있는 꼬막을 추려 내고 크기별로 자루에 담는 일도 도왔습니다. 크기에 따라 시장에서 팔리는 가격이 다르기 때문에 고르는 작업을 해야 합니다.

꼬막 밭에 도착한 어민들은 정확히 역할을 나누어 착착 작업을 했습니다. 꼬막잡이는 어머니들 몫이었어요. 뻘배 위에 엎어 놓은 양동이를 올리고, 양동이에 가슴을 붙인 채 한쪽 발로 갯벌을 밀어 이동했지요. 두 손으로 펄을 휘저어 꼬막을 찾으면 양동이 앞에 두었던 작은 대야에 넣었습니다.

그러면 아버지들은 잡은 꼬막을 자루에 넣고 다 찬 자루를 서너 개씩 뻘배에 올려 수미호 옆의 작업선으로 옮겨 왔습니다. 작업선에서는 가져온 꼬막을 씻고, 크기별로 나누고, 알이 없는 빈 꼬막은 골라냈습니다. 작은 꼬막은 더 자랄 수 있게 다시 갯벌로 보냈지요. 이렇게 하면 자연도 사람도 함께 살아갈 수 있습니다.

뻘배를 타며 꼬막을 캐는 과정은 우리 갯벌의 독특한 문화로 인정받아 국가중요어업유산으로 지정되기도 했습니다. 하지만 최근에는 기후 변화로 꼬막이 잘 자라지 않아 뻘배를 모는 어민의 모습을 보기가 참 힘들어졌습니다.

내 기억에 가장 인상 깊게 남은 뻘배 타기 선수는 벌교 갯벌의 짱뚱어 낚시꾼 김 씨입니다. 이분의 실력을 지켜보고 있으면 절로 감탄이 나옵니다.

김 씨는 쌩쌩 뻘배를 밀며 두 눈은 저 멀리 갯벌을 살폈습니다. 그렇게 잠시 앞으로 나가더니 멈춰서 갯벌 위 의자에 앉아 준비한 낚싯대를 펼쳐 15미터 정도 앞에 던지고 힘껏 당겼어요. 그러자 짱뚱어 한 마리가 바둥거리며 올라왔습니다.

김 씨의 낚싯대에는 낚싯바늘 3개가 갈고리처럼 묶여 있었습니다. 그중 1개에 짱뚱어 등지느러미가 걸려 있었던 겁니다. 짱뚱어는 짝짓기를 할 때나 상대를 위협할 때 등지느러미를 곤추세우는데 그때 잡혀 버린 모양이었습니다. 남에게 돋보이거나 자랑하려는 것이 독이 되기도 하는 법이지요.

짱뚱어

그 뒤에 똑같은 모양의 뻘배를 놀랍게도 일본에서 본 적이 있습니다. 사가현 가시마시에서 열린 가탈림픽(갯벌 올림픽)에서 뻘배를 타고 짱뚱어 낚시를 하는 장인이 있었습니다. 그 장인이 타고 있는 뻘배나 짱뚱어를 잡는 낚싯대는 벌교 갯벌에서 김 씨가 사용한 것과 똑같았습니다.

일본에서 갯벌 올림픽을 시작한 이유는 국가에서 갯벌의 가치를 알리고 어촌 지역을 살리기 위해서였습니다. 일본에서도 예전엔 간사이 국제공항이나 큰 산업 단지 등을 갯벌 매립지에 지었기 때문에 갯벌 훼손이 심각했습니다.

우리나라도 갯벌이 발달한 보성(벌교), 신안, 보령 등에서는 일본에서 성공을 거둔 갯벌 올림픽에 관심이 많았습니다. 갯벌이 훼손돼 짱뚱어가 줄어들고 있는 건 우리나라도 마찬가지기 때문입니다.

한때 전라남도 수산 과학원에서는 아주 어린 짱뚱어를 방류하기도 했습니다. 하지만 이보다도 서식지를 회복하는 일이 가장 중요합니다. 갯벌을 매립해 개발하는 일에는 매우 신중해야 합니다. 여행 가서 쓰레기를 버리지 않고 이미 버려져 있는 바다 쓰레기를 줍는 것도 큰 도움이 됩니다. 기후 변화마저 갯벌에 위협이 되고 있는 지금, 작은 노력을 더 모으고 실천해야겠습니다.

지식 더하기

갯벌이 품고 있던 보물선

1975년 8월, 전남 신안군 증도 앞바다에서 한 어부가 물고기를 잡기 위해 쳐 놓은 그물에 생물이 아닌 뭔가 묵직한 게 걸려 올라왔습니다. 도자기 그릇 6점이었습니다.
어부는 그릇을 바다에 다시 버리려다가 생각을 고쳐먹었습니다.

'바다에 버려진 그릇인가 보네. 꽤 쓸 만한데? 개밥을 주는 그릇으로 써야겠어.'
그 뒤로도 이 마을에 사는 다른 어부들의 그물에도 그릇이 곧잘 걸려 특별하게 생각하지 않았다고 합니다.
그런데 어느 날, 동네에 고물 장수가 들어와 이 그릇들을 모두 사 갔습니다. 그때는 고물을 가져가면서 엿이나 비누로 바꿔 주거나 약간의 돈을 주기도 했거든요. 그러더니 한참 뒤엔 다른 지역에 사는 사람들이 섬으로 몰려와 어민들과 바다에 나가서 그릇을 찾기 시작했습니다.

이 상황을 지켜보며 이상하다고 생각한 한 초등학교 교사가 나라에 신고를 했고, 그때부터 그릇의 정체를 밝히는 조사가 시작됐습니다.
알고 보니 그 그릇은 1300년대에 사고로 가라앉은 화물선에서 나온 귀한 보물이었습니다. 문화재였던 거지요. 이듬해부터 국가가 중심이 되어 9년 동안 수중 문화재 발굴을 계속한 결과, 침몰한 배와 2만 4000여 점의 문화재를 건져 올렸습니다.

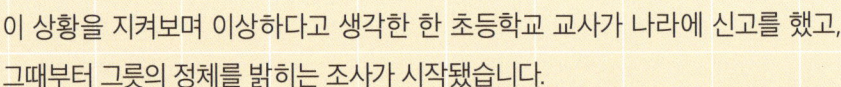

수백 년 동안 바닷속 깊이 가라앉아 있던 화물선은 1323년 음력 6월 중국에서 출발해 일본으로 가던 무역선이었습니다. 당시 일본 상류층 사이에서 중국 문물이 굉장히 유행이었기 때문에 원나라 용천요라는 곳에서 만든 청자를 일본 교토로 실어 나르고 있던 것이지요. 그러다 암초에 걸려 전라남도 신안군 증도 앞바다에 침몰한 것입니다.

발굴단은 이 배에 '신안선'이라는 이름을 붙였습니다. 신안선은 길이 34미터 너비 11미터 돛을 3개나 갖춘 200톤급 선박이었습니다. 그런데 이렇게 많은 도자기가 어떻게 670여 년 동안 훼손되지 않고 오롯이 보전되었을까요? 그 비밀은 갯벌에 있습니다.

신안 갯벌은 펄 입자가 아주 고와서 그속에 파묻힌 유물이 물속에 포함된 산소와 접촉하지 않게 차단하고, 배를 단단히 붙잡아 조류에 휩쓸려 가지 않게 해 주었습니다. 갯벌이 타임캡슐처럼 600여 년의 시간을 가둔 것입니다.

신안뿐만 아니라 태안 갯벌에서는 조선백자 100여 점이 발굴되었고, 완도 갯벌에서는 고려청자 3만여 점이 발굴되었습니다. 대부도 갯벌에서는 고려 시대부터 조선 시대까지의 선박 15척이 발굴되기도 했고요. 갯벌의 비밀은 우리가 알고 있는 것보다 더 많을지도 모르겠습니다. 신비한 보물도 놀라운 생물들도 모두 품고 있으니까요.

나오는 이야기

흰 모자를 쓴 갯벌

"아빠, 흰 머리카락이 더 많아졌어요."

"괜찮아. 시간이 흐르면서 흰머리로 변하는 건 자연스러운 거야. 아빠는 자연스럽게 나이 들어가는 게 좋아. 엄마도 가르마 주변 머리카락 색이 흰색으로 바뀌잖아. 그렇게 변하다가 흰 모자를 쓴 것처럼 흰색이 되는 거야."

"며칠 전에 갔던 섬마을 갯벌도 나이가 들어서예요? 흰 모자를 쓴 것처럼 허옇게 변했잖아요."

"그건 갯벌에 살던 조개나 굴들이 힘들어 죽어서지."

갯벌의 조개나 굴들이 죽은 이유는 기름 유출 사고 때문이었어요. 2007년 충남 태안 앞바다에 커다란 유조선이 크레인선과 충돌하면서 1만 2000킬로리터 정도의 기름이 바다로 흘렀습니다. 바다는 조류를 따라 이동하는 성질이 있기 때문에 기름은 태안에만 머물지 않았습니다. 전라남도, 제주도까지 흘러가 바다 생물, 갯벌 생물, 양식장이 큰 피해를 입었지요.

그때 전 국민이 나서서 해안으로 몰려온 기름을 닦아 내고 바다에 떠 있는 기름을 걷어 냈습니다. 흰 모자를 쓴 갯벌이란 바로 유조선이 침몰했던 그 주변을 얘기한 것입니다. 바지락들은 숨을 쉴 수 없고 먹이가 없어지자 껍질에 영양분을 공급할 수 없어 하얗게 변해 버렸어요. 그래서 많은 주민이 섬을 떠났습니다. 검은머리물떼새 역시 그곳을 떠났습니다.

그런데 시간이 흘러 흰 모자를 쓴 채 죽은 조개는 갯벌 가장자리에 쌓이고, 어린 조개와 굴 들이 헤엄쳐 들어왔습니다. 옛날만큼은 아니지만 바지락이 자라고 굴이 갯바위에 붙어 자라면서 놀랍게도 새들이 하나둘 다시 찾아오기 시작했어요.

이제 바위로 이루어진 토끼섬 근처로 사람들이 다가가면 검은머리물떼새 10여 마리가 요란스럽게 울어 대며 조금씩 날았다가 앉기를 반복합니다.

틀림없이 근처에 둥지가 있고 알에서 갓 깨어난 새끼가 있을 겁니다. 그래서 적이 가까이 가지 못하도록 다른 쪽으로 유인하는 겁니다. 조개가 맛이 좋아질 무렵은 검은머리물떼새가 알을 낳고 알을 품는 시기이거든요. 어미가 그곳에 알을 낳는다는 건 먹이가 풍부하고 안전하다고 느꼈다는 뜻이기도 합니다. 자연이 갖고 있는 회복의 힘이 발휘되는 순간입니다.

혹시나 그 시기에 섬이나 바닷가에 간다면 검은머리물떼새 가족의 몫으로 굴과 조개를 꼭 남겨 두길 바랍니다. 자연 스스로의 힘으로 어렵게 회복했으니 우리도 함께 지킬 수 있으면 좋겠습니다. 그러면 자연은 우리에게 더 풍요로운 걸 선물할 테니까요.

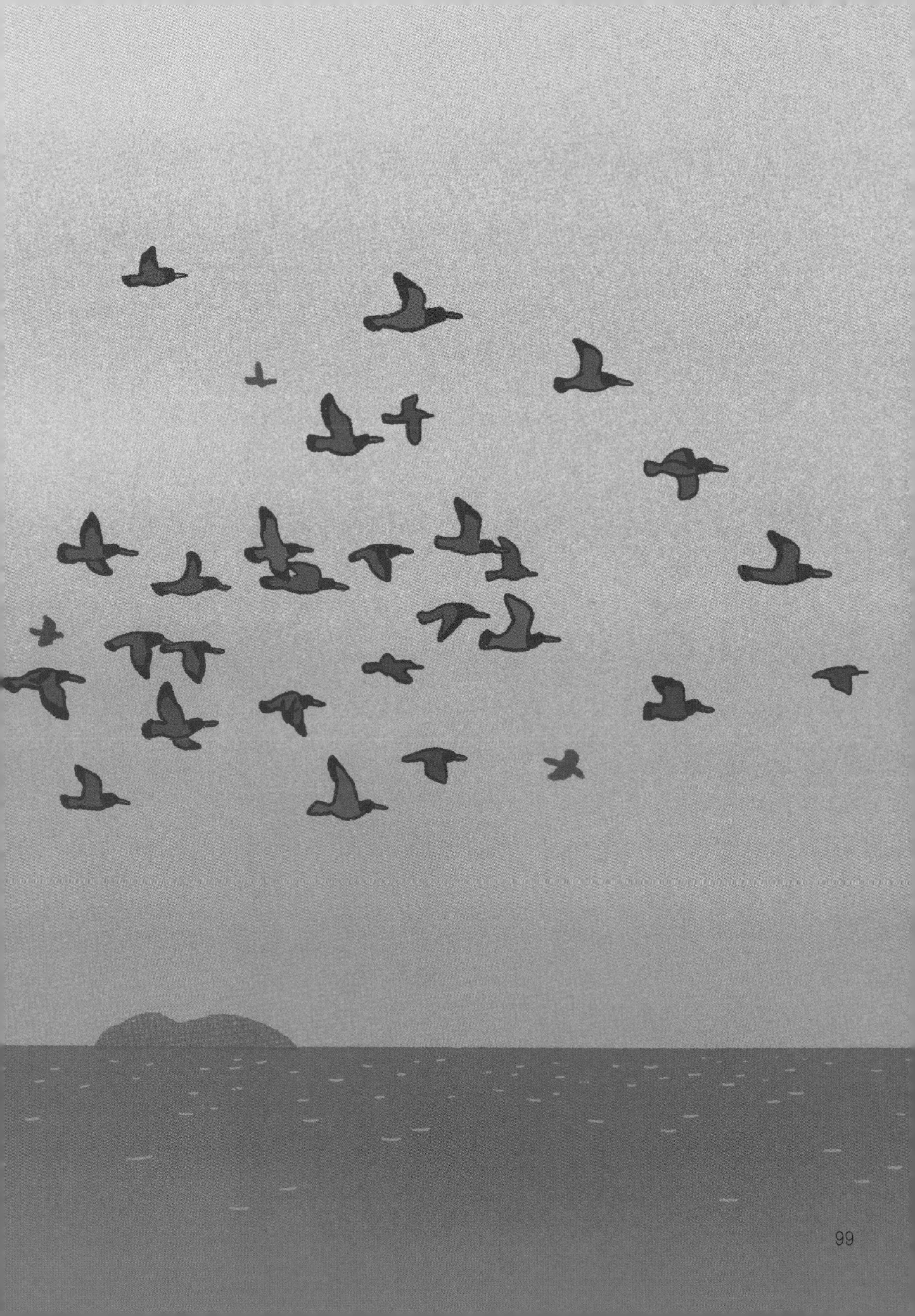

작가의 말

생물과 인간이 공존하는 곳, 갯벌

긴 세월 동안 내가 갯벌에 관심을 가지고 살폈던 이유는 갯벌에 '미래'가 있다고 믿었기 때문입니다. 경쟁이 들끓는 현대 사회에서 우리가 미래 세대에게 꼭 넘겨주어야 할 열쇠를 갯벌에서 발견했기 때문입니다. 그 열쇠는 바로 '공존'입니다.

아주 오래전부터 사람들은 갯벌에서 식량을 구했습니다. 갯벌에 생물이 무척 풍부했기 때문입니다. 사람들은 갯벌에 사는 생물을 위해 꼭 필요한 만큼만 갯벌 생물을 채취했습니다. 그래야 자연으로부터 또 풍성한 식량을 선물 받을 수 있다는 걸 이미 알고 있었으니까요. 갯벌 생물들 역시 자신이 생존할 수 있을 만큼만 먹이를 먹었습니다. 마을 사람들끼리도 갯벌에서는 똑같이 일하고 똑같이 나눴습니다. 그들끼리 '갯살림'을 함께하는 공동체라고 부르기도 했습니다. 그것은 분명 경쟁이 아니라 공존이었습니다.

하지만 현대로 넘어오며 기술이 발달하고 갯벌이 '쓸모없는 땅'이라고 여기는 사람들이 생겨났습니다. 바닷물이 빠지는 썰물 때 드러나는 넓은 갯벌을 '덮어서 활용해야 할 곳'이라고 생각하는 사람들도 늘었습니다. 그들은 질퍽한 갯벌을 단단한 육지로 만들어 가치를 높여야 한다고도 말했습니다. 갯마을에서 평생을 살아온 어민들의 삶이 무너졌지만 돌보는 사람은 없었습니다. 방조제를 쌓고 땅을 만들고 건물을 세우며 '인간 승리'라고 자랑하기도 했습니다. 그 뒤에 갯벌 생물들이 죽어 가고 서식지를 잃어 생태계가 무너졌지만 어쩔 수 없다고도 했습니다. 공존이 무너진 것이지요.

　그 뒤로 갯벌에 관한 연구가 거듭되면서 우리는 발전이라는 이름으로 놓친 것들이 많다는 걸 깨닫고 있습니다. 아직은 미래 세대를 위한 열쇠를 아주 놓치지 않았다는 신호입니다. 갯벌이 가진 가치에 관심을 기울이는 사람들이 조금씩 늘어나고 있고, 아이들에게 반드시 남겨야 할 유산이라고 인정받은 일을 생각하면 앞날이 어둡지만은 않습니다.

　2021년에 유네스코 세계 자연유산이 '갯벌(Getbol, Korean Tidal Flats)'을 함께 지키고 보전해야 할 소중한 유산으로 인정한 것이 그 예입니다. 특히, 우리말 그대로 '갯벌'이라는 이름으로 등재되어 더욱 자랑스러웠습니다. 그만큼 우리나라 갯벌은 다양한 생물이 서식하고 있고, 멸종 위기에 처한 생물에게 서식처가 되어 줄 만큼 탁월한 가치를 지니고 있습니다.

　이 책을 읽은 어린이들이 우리 갯벌의 생명력과 가치를 알게 되길 소원해 봅니다. 더 노력해 미래 세대에게 갯벌을 온전히 물려주어 먼 미래의 어린이들도 갯벌과 함께 살아가실 신심으로 바랍니다.

유네스코 세계 자연유산 '한국의 갯벌' 여자만에서

김 준

**나는
갯벌의 다정한 친구가
되기로 했다**

초판 1쇄 발행 2025년 3월 17일
초판 3쇄 발행 2025년 10월 23일

글쓴이 김준
그린이 맹하나
펴낸이 최순영

교양 학습 팀장 김솔미
편집 고양이
디자인 이수현

펴낸곳 ㈜위즈덤하우스 **출판등록** 2000년 5월 23일 제13-1071호
주소 서울특별시 마포구 양화로 19 합정오피스빌딩 17층
전화 02) 2179-5600 **홈페이지** www.wisdomhouse.co.kr
전자우편 kids@wisdomhouse.co.kr

ⓒ김준·맹하나, 2025
ISBN 979-11-7171-384-4 74400

* 이 책의 전부 또는 일부 내용을 재사용하려면 반드시 사전에 저작권자와 ㈜위즈덤하우스의 동의를 받아야 합니다.
* 인쇄·제작 및 유통상의 파본 도서는 구입하신 서점에서 바꿔드립니다. * 이 책의 사용 연령은 8~13세입니다. * 책값은 뒤표지에 있습니다.

사진 출처 18, 19, 26, 29, 31, 34, 35, 36, 37, 41, 43, 47, 48, 64, 65, 66, 67, 70(왜가리), 71, 73, 78, 79, 84, 85, 86, 87, 93쪽 ⓒ김준 |
44, 45, 81쪽 ⓒ여상경 | 12, 13, 33쪽 출처: **셔터스톡** | 43쪽 갈대 ⓒDarkone, 56쪽 저어새 ⓒAlnus, 57, 70쪽 알락꼬리마도요 ⓒJJ Harrison,
57, 70쪽 검은머리물떼새 ⓒAndreas Trepte, 57쪽 민물도요 ⓒJevgenijs Slihto, 70쪽 노랑부리백로 ⓒTonyCastro 출처: 위키미디어